《甘肃生物多样性》编纂委员会

主　　编　　杨建武

副 主 编　　闫子江　　刘文玺　　蔡桂星　　郭　峰

执行主编　　宋　森

编　　委　　杜海平　　张如海　　胡晓明　　韦东升　　潘建斌　　骆　爽

　　　　　　苏宏斌　　袁　聪　　白永兴　　王　娟　　李海慧　　胡　洁

　　　　　　曾锦源　　时雨柔　　王晓斌　　金秋艳　　彭彩云　　谢　莉

　　　　　　包新康　　赵　伟　　马　涛　　赵建友　　王　亮　　张　勇

甘肃生物多样性

GANSU SHENGWU DUOYANGXING

◎ 杨建武 \ 主编

兰州大学出版社
LANZHOU UNIVERSITY PRESS

图书在版编目（ＣＩＰ）数据

甘肃生物多样性 / 杨建武主编. -- 兰州 ：兰州大
学出版社，2022.4
ISBN 978-7-311-06125-8

Ⅰ．①甘… Ⅱ．①杨… Ⅲ．①生物多样性－生物资源
保护－甘肃 Ⅳ．①X176

中国版本图书馆CIP数据核字(2021)第265056号

责任编辑　梁建萍
封面设计　汪如祥

书　　名　甘肃生物多样性
作　　者　杨建武　主编
出版发行　兰州大学出版社　（地址：兰州市天水南路222号　730000）
电　　话　0931-8912613(总编办公室)　0931-8617156(营销中心)
　　　　　0931-8914298(读者服务部)
网　　址　hhttp://press.lzu.edu.cn
电子信箱　press@lzu.edu.cn
印　　刷　成都市金雅迪彩色印刷有限公司
开　　本　787 mm×1092 mm　1/16
印　　张　12.75
字　　数　93千
版　　次　2022年4月第1版
印　　次　2022年4月第1次印刷
书　　号　ISBN 978-7-311-06125-8
定　　价　48.00元

序

河岳根源，羲皇桑梓。

丝绸之路三千里，华夏文明八千年。

天人合一、道法自然的生态智慧在这里肇始，世界四大文化体系在这里汇集。

她形似一柄"玉如意"，镶嵌在中国的大西北。如意之上，九曲黄河、巍巍祁连是大自然与岁月的绝美杰作。

这就是甘肃。

独特的地理位置、丰富的生物多样性，使得甘肃省在生态环境保护和生物多样性保护方面有举足轻重的地位。作为国家西部生态安全屏障，她承担着"三阻一涵养"的特殊功能，即阻止腾格里沙漠和巴丹吉林沙漠的汇合、阻挡沙漠切断河西走廊、阻隔沙漠向青藏高原南侵和涵养长江、黄河和河西走廊内陆河的重要功能。

党的十八大以来，甘肃省生态环境厅深入贯彻落实习近平生态文明思想和习近平总书记对甘肃重要讲话和指示精神，立足新发展阶段、贯彻新发展理念、构建新发展格局，推进高质量发展，严格落实"三线一单"生态环境分区管控，实施生物多样性保护重大工程，一体推进山水林田湖草沙综合治理、系统治理，在祁连山生态环境保护和综合治理、水土保持与荒漠化防治、生态系统和珍稀濒危物种保护等方面取得了显著成效。

为全面展示甘肃省生物多样性保护成效，甘肃省生态环境厅联合兰州大学生命科学学院，共同编写了本书，目的是为社会公众普及甘肃生物多样性保护知识，动员各方力量参与生物多样性保护行动，构建尊重自然、顺应自然、保护自然的理念，共同建设山川秀美、人与自然和谐共生的美丽新甘肃。

甘肃省生态环境厅党组书记、厅长

前言

　　甘肃省位于中国西北部，地处黄河上游，处于北纬32°11′～42°57′、东经92°13′～108°46′之间；东西长1600多千米，南北宽530余千米，面积42.58万平方千米，平均海拔在1000米以上，大部分位于我国二级阶梯上。

　　甘肃省地理位置独特，处于我国三大自然区——东部季风区、西北干旱半干旱区和青藏高寒区的交汇地带，集北亚热带、暖温带和温带三大气候带于一身；同时，青藏高原、蒙新高原、黄土高原三大高原也交汇于此，而且地跨华中区、青藏区、蒙新区、华北区和西南区五个动物地理区。省内不同区域自然地理差异巨大，绵延的高原、广袤的草原、茫茫的戈壁、洁白的冰川、蜿蜒的水系，高度的环境空间差异性，孕育了丰富的野生动植物资源。

　　甘肃省的野生动植物资源在全国占有重要地位，分布有脊椎动物950余种和亚种，其中哺乳动物近180种和亚种，鸟类570余种和亚种，爬行动物60余种和亚种，两栖动物30余种和亚种，鱼类110种。甘肃省分布有国家重点保护野生动物210种，其中国家Ⅰ级保护野生动物58种，国家Ⅱ级保护野生动物152种。重要的珍稀动物代表如大熊猫、金丝猴、白唇鹿、梅花鹿、金钱豹、云豹、雪豹、马麝、林麝、野牦牛、藏野驴、蒙古野驴、斑尾榛鸡、绿尾虹雉、白冠长尾雉、红腹锦鸡、金雕、白肩雕、玉带海雕、白尾海雕、猎隼、黑颈鹤、秦岭细鳞鲑、大鲵、文县疣螈、金斑喙凤蝶、君主绢蝶、戴叉犀金龟等均有分布。

甘肃省有野生高等植物近6500种，其中木本植物约1500种。国家重点保护植物有110种，其中国家Ⅰ级保护植物有7种，分别为银杏、珙桐、红豆杉、南方红豆杉、西藏红豆杉、紫斑牡丹；国家Ⅱ级保护植物有103种，如秦岭冷杉、连香树、水青树、野大豆、独叶草、银杏、桃儿七、唐古红景天、甘草等。

为更好地展示甘肃省宝贵的生物多样性资源，有针对性地开展保护工作，使更多的人了解甘肃在生态环境和生物多样性保护方面所做的工作，甘肃省生态环境厅联合兰州大学生命科学学院共同编写了本书，就甘肃分布的国家Ⅰ级、Ⅱ级重点保护野生动植物进行了介绍和展示，为关心、关注甘肃省生态环境和生物多样性保护的相关人员提供参考。

本书在搜集动植物图片中，得到了甘肃省林业和草原局、甘肃省农业农村厅、大熊猫国家公园白水江片区裕河分局、大熊猫国家公园白水江片区白水江分局、祁连山国家级自然保护区管理局、安西极旱荒漠国家级自然保护区管理局、尕海—则岔国家级自然保护区管理局、盐池湾国家级自然保护区管理局、莲花山国家级自然保护区管理局、太子山国家级自然保护区管理局、连城国家级自然保护区管理局等单位的大力支持；兰州大学萃英学院2020届生物萃英班学生李波卡、宁夏观鸟协会副会长袁海龙、宁夏六盘山国家级自然保护区郭志宏、大熊猫国家公园裕河分局工程师马小强、中科院新疆生态与地理研究所研究员马鸣、陇东学院生命科学与技术学院教授周天林、兰州大学生命科学学院学生魏延丽、甘肃麦草沟省级自然保护区王小平、祁连山国家级自然保护区东大山保护站周兴武、中国野鸟图库鸟林细语先生和曾开心先生、自然爱好者钟宏英女士等惠赠了部分物种图片。同时，文中部分植物图片引自中国自然植物标本馆、百度百科、百度图片库、360百科和360图片库。在此，对以上人员和机构表示感谢。

本书所获得的照片仅用于本书的出版和相关的科普宣传及教学活动。

由于编写人员的水平有限，书中存在遗漏和错误，恳请读者批评指正，以便后期修订。

编　者

2022年4月

目录

为什么要保护生物多样性

2020 年 9 月 30 日，在联合国生物多样性峰会上，国家主席习近平向世界发出"春城之邀"，中国将于明年在昆明举办《生物多样性公约》第十五次缔约方大会，欢迎大家明年聚首昆明，共商全球生物多样性保护大计。那么，什么是生物多样性呢？为什么要保护生物多样性？生物多样性的价值何在？《生物多样性公约》是一个什么性质的公约？中国的生物多样性丰富吗？

一、什么是生物多样性？

生物多样性是指所有来源的、活的生物体中的变异性，这些来源包括陆地、海洋和其他水生生态系统及其所构成的生态综合体。生物多样性包含了三层含义：遗传（基因）多样性、物种多样性和生态系统多样。遗传（基因）多样性是指生物体内决定性状的遗传因子及其组合的多样性；物种多样性是生物多样性在物种上的表现形式，也是生物多样性的关键，它既体现了生物之间及环境之间的复杂关系，又体现了生物资源的丰富性；生态系统多样性是指生物圈内生境、生物群落和生态过程的多样性。

二、生物多样性有哪些价值？

生物多样性是地球生命存在的基础，也是人类社会的经济、伦理、宗教、艺术、文学等发展的基础。对于人类来说，生物具有直接价值和间接价值两种形式。

直接价值。生物为人类提供了生活、生产原料。如人类直接从自然界收获水果、粮食、木材、肉类、药材等，自己和家人可以直接使用（消费使用价值），或者卖出去作为生产原料（生产使用价值）。

间接价值。指通过生物在自然界中的存在或生态系统的服务功能所体现的价值，包括非消费性使用价值、选择价值、存在价值和科学价值四种价值。

三、生物多样性的重要性体现在哪里？

现实生活中，我们每天消耗的食物、生产原料、淡水资源、生活环境等都来源于生物多样性。直到今天，生物多样性对人类的贡献仍是不可替代的。在全球范围内，有40亿人的健康保健主要依赖天然药物；用

于治疗癌症的药物中约70%是天然药物或源于自然的合成；尤其是面对突如其来的新冠肺炎，中药在收治病人中起到了不可替代的作用，而中医方剂就是不同种类的生物组合。再例如，世界约80%的农作物都依赖蜜蜂、蝇类、蝶类等昆虫作为媒介传粉，尤其是油料作物、水果类和坚果类等，更是高度依赖蜜蜂传粉。如果没有了传粉昆虫，植物物种的生存与演化、人类农业的发展都无从谈起。生物多样性对人类的重要作用，可以概括为"一个基因可以影响一个国家的兴衰，一个物种可以左右一个国家的经济命脉，一个优良的生态系统可以改善一个地区的环境"。

四、《生物多样性公约》的组织机构和目标是什么?

　　《生物多样性公约》(*Convention on Biological Diversity*)是第一个关于生物多样性保护和可持续利用的国际性公约,于 1992 年 6 月 5 日在里约热内卢举行的联合国环境与发展大会上签署,1993 年 12 月 29 日正式生效。这一公约的签署,代表着生物多样性保护从单一物种的保护进入到生物

多样性的保护这一崭新的阶段。《生物多样性公约》是联合国地球生物资源领域最具影响力的国际公约之一。

生物多样性公约的最高权力机构是缔约方大会（*Conference of the Parties*，COP），它由批准公约的各国政府（含地区经济一体化组织）组成，这个机构检查公约的进展，为成员国确定新的优先保护重点，制定工作计划。COP也可以修订公约，建立顾问专家组，检查成员国递交的进展报告并与其他组织和公约开展合作。

《生物多样性公约》是一项有法律约束力的公约，旨在保护濒临灭绝的植物和动物，最大限度地保护地球上的多种多样的生物资源，以造福于当代和子孙后代。该公约有三个主要目标：一是保障生物多样性；二是可持续地利用其组成部分；三是公平分享资源所带来的好处，又称"惠益分享"。

五、COP15 大会，你了解吗?

COP15 大会是《生物多样性公约》缔约方大会第十五次会议的简称，是联合国首次以生态文明为主题召开的全球性会议。大会以"生态文明：共建地球生命共同体"为主题，旨在倡导推进全球生态文明建设，强调人与自然是生命共同体，强调尊重自然、顺应自然和保护自然，努力达成公约提出的到 2050 年实现生物多样性可持续利用和惠益分享，实现"人与自然和谐共生"的美好愿景。

2021 年 10 月 12 日，国家主席习近平在 COP15 大会领导人峰会上发表主旨讲话，在讲话中强调秉持生态文明理念，共同构建地球生命共同体。在主旨讲话中，习近平主席提出四点主张：一是以生态文明建设为引领，协调人与自然关系；二是以绿色转型为驱动，助力全球可持续发展；三是以人民福祉为中心，促进社会公平正义；四是以国际法为基础，维护公平合理的国际治理体系。

甘肃积极参与 COP15 大会，并以"多姿多彩，生态甘肃"为主题制作了甘肃生物多样性保护"云展馆"，对甘肃生物多样性的保护做了全面的宣介。

六、"昆明宣言"的主要内容和意义是什么?

2021 年 10 月 13 日，COP15 大会第一阶段会议通过的"昆明宣言"是大会的主要成果之一。"昆明宣言"承诺确保制定、通过和实施一个有效的"2020 年后全球生物多样性框架"，以扭转当前生物多样性丧失趋势，并确保最迟在 2030 年使生物多样性走上恢复之路，进而全面实现"人与自然和谐共生"的 2050 年愿景。

"昆明宣言"集中反映各方的政治意愿,向国际社会发出遏制生物多样性丧失的强烈政治信号。"昆明宣言"指明了新十年生物多样性恢复之路。

七、中国的生物多样性丰富程度如何?

中国地大物博,自然条件复杂多样,孕育了种类极其丰富的动植物及其繁复多彩的生态组合,是全球12个"巨生物多样性国家"之一。

中国是地球上种子植物区系起源中心之一,种子植物有36000余种,仅次于世界种子植物最丰富的巴西和哥伦比亚,居世界第三位;脊椎动物8200余种,其中哺乳动物686种,鸟类1480余种,鱼类5058种,两栖动物和爬行动物1000余种,都居世界前列。已定名的昆虫达13万种之多。不仅如此,中国拥有众多有"活化石"之称的珍稀动植物,如大熊

猫、白鳍豚、文昌鱼、鹦鹉螺、银杏、银杉和苏铁等。

中国生态系统类型多样，据统计，中国陆地生态系统类型有森林212类，竹林36类，灌丛113类，草甸77类，沼泽37类，草原55类，荒漠52类，高山冻原、垫状和流石滩植被17类，总共599类。

八、国家公园是什么性质的"公园"？

2021年10月12日，《生物多样性公约》第十五次缔约方大会领导人峰会上，中国正式公布第一批国家公园名单。首批设立的国家公园包括：三江源国家公园、大熊猫国家公园、东北虎豹国家公园、海南热带雨林国家公园、武夷山国家公园。

虽然带有"公园"两个字，但国家公园和我们日常游玩的"公园"不是一回事。国家公园是指由国家批准设立并主导管理，边界清晰，以保护具有国家代表性的大面积自然生态系统为主要目的，实现自然资源科学保护和合理利用的特定陆地或海洋区域。

国家公园是我国自然生态系统中最重要、自然景观最独特、自然遗产最精华、生物多样性最富集的部分。国家公园的首要功能是保护重要自然生态系统的原真性、完整性，同时兼具科研、教育、游憩等功能。

九、国家公园允许进去游玩吗？

国家公园是我国自然保护地最重要类型之一，属于全国主体功能区规划中的禁止开发区域，纳入全国生态保护红线区域管控范围，实行最严格的保护。国家公园的首要功能是重要自然生态系统的原真性、完整性保护，是最具战略地位的国家生态安全高地，例如三江源、大熊猫、东北虎豹、神农架和武夷山等国家公园体制试点都具有这样的特征。同时兼具科研、教育、游憩等综合功能。

国家公园今后可能主要倡导两种旅游方式：一是自然教育，因为最好的生态系统、最独特的自然景观、最精华的自然遗产，都划到了国家公园范围里面，它是一个最好的自然课堂，在里边能够提升人们的认知能力；二是自然游憩，比如观察野生动物、露营等。

大熊猫国家公园规划范围

数据源自:《大熊猫国家公园体制试点实施方案（2017-2020）》
2017年8月发布

秦岭片区

面积:**4386**平方千米
野生数量:**298**只

甘肃省

陕西省

白水江片区

面积:**2571**平方千米
野生数量:**111**只

四川省

岷山片区

面积:**1001**平方千米
野生数量:**656**只

邛崃山—大相岭片区

面积:**10164**平方千米
野生数量:**549**只

大熊猫国家公园
总面积:**27134**平方千米
其中两个片区位于四川省
面积:**20177**平方千米
占总面积的:**74.4**%

0　　50　　100千米

十、甘肃有哪些国家公园？

第一批5个国家公园中的大熊猫国家公园由岷山片区、邛崃山—大相岭片区、秦岭片区、白水江片区4个片区组成。其中白水江片区就位于甘肃省陇南市的文县和武都区，由甘肃白水江国家级自然保护区、甘肃裕河国家级自然保护区等组成，是大熊猫的重要栖息地之一。

中国首批设立的10个国家公园体制试点之一的祁连山国家公园由甘肃片区和青海片区组成。其中甘肃片区3.44万平方公里，占祁连山国家公园总面积的68.5%，涉及张掖和武威的10个县（区、场），分布有祁连山国家级自然保护区、盐池湾国家级自然保护区、天祝三峡国家森林公园、马蹄寺省级森林公园、冰沟河省级森林公园等自然保护地组。森林、草原、荒漠、湿地等生态系统均有分布，景观独特，珍稀物种繁多，为雪豹、白唇鹿、马麝、黑颈鹤等珍稀濒危动物提供栖息环境，是具有重要生态意义的寒温带山地针叶林、温带荒漠草原、高寒草甸复合生态系统的代表。

图例

核心保护区　　　　省界
一般控制区　　　　地级界
省级行政中心　　　县界
地级市行政中心　　国家公园界
自治州行政中心　　高速铁路
县级行政中心　　　铁路
乡、镇行政中心　　G30 高速公路及编号
常年河　　　　　　国道
湖泊、水库　　　　省道
时令河

0　15　30　　60　　90km

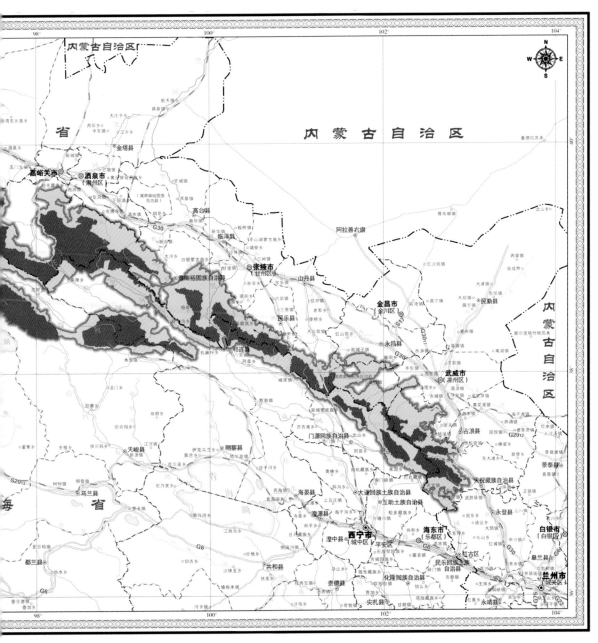

祁连山国家公园管控分区图　　审图号：(2019)46号

甘肃的生物多样性

　　甘肃东接陕西，南邻四川，西有青海新疆，北靠宁夏、内蒙古。西北高、东南低，又横跨北亚热带、暖温带和温带三大气候带。青藏、蒙新、黄土三大高原在此交汇。平原、高山、台地、丘陵和山地，每一寸土地都散发着历史的沧桑与壮美。五大动物地理区在这里划界，六大植被区域类型在这里过渡。从黄土高原沟壑纵横，到河西走廊漠野千里；从陇南山地山清水秀，到甘南高原草原连绵，祁连山地跌宕起伏纵贯东西。高度的环境空间差异性、独特的地理位置、复杂的气候类型、丰富的地形地貌，孕育了甘肃丰富的生物多样性。

一、甘肃的生态系统多样性

（一）森林生态系统

森林生态系统是森林生物与环境之间、森林生物之间相互作用，并产生能量转换和物质循环的统一体系。森林不仅能够为人类提供大量的木材和丰富的林副业产品，而且在调节气候、涵养水源、保持水土、防风固沙等方面起着重要作用，有"绿色水库"之称。

甘肃现有森林509.73万公顷，森林覆盖率11.33%，主要集中分布在白龙江、洮河、小陇山、子午岭、大夏河、西秦岭、康南、祁连山、关山、马衔山等林区，中部及河西地区森林资源稀少。

（二）草原生态系统

草原生态系统是草原地区生物（植物、动物、微生物）和草原地区非生物环境构成的，进行物质循环与能量交换的基本机能单位。草原生态系统不仅是重要的畜牧业生产基地，而且也是阻止沙漠蔓延的天然防

线，是重要的生态屏障。

甘肃省草原面积2.68亿亩，其中可利用草原面积2.41亿亩，居全国第六位。草原是甘肃省内面积最大的陆地生态系统，主要分布于甘南高原、祁连山　阿尔金山及北部沙漠沿线一带，草原类型有高寒灌丛草甸、温性草原、高寒草原、温性草甸草原、高寒草甸、低平地草甸、暖性草丛等14个类88个草地型，草原植被盖度为53.02%。

（三）湿地生态系统

湿地是陆地与水体的过渡地带，因此它同时兼具丰富的陆生和水生动植物资源，形成了其他任何单一生态系统都无法比拟的天然基因库和独特的生物环境。湿地在调蓄水源、调节气候、净化水质、保存物种、提供野生动物栖息地等方面发挥着重要的作用。由于在净化水质方面起的重要作用，湿地被人们称为"地球之肾"。

甘肃分布有河流湿地、湖泊湿地、沼泽湿地和人工湿地等多种类型的湿地，总面积118.56万公顷。甘肃省共有国家湿地公园12处，其中尕海、张掖黑河、盐池湾、黄河首曲4处湿地进入国际重要湿地名录。

（四）荒漠生态系统

荒漠生态系统是地球上最耐旱的，以超旱生的小乔木、灌木和半灌木占优势的生物群落与其周围环境所组成的综合体。

甘肃省处于腾格里沙漠、巴丹吉林沙漠和库木塔格沙漠的南缘，全省荒漠化面积达 1950.20 万公顷，占甘肃土地总面积的 45.8%。荒漠生态系统分布在干旱地区，昼夜温差大，降水稀少，气候干燥，自然条件极为严酷，所以荒漠生态系统中动植物种类十分稀少。

（五）农田生态系统

农田生态系统是指人类在以作物为中心的农田中，利用生物和非生物环境之间以及生物种群之间的相互关系，通过合理的生态结构和高效生态机能，进行能量转化和物质循环，并按人类社会需要进行物质生产的综合体。

甘肃省耕地面积近 537.7 万公顷，占全省土地总面积的 12.63%。农田生态系统提供着最主要的粮食供给，具有巨大的服务功能价值，构成人类社会存在和发展的基础。

二、甘肃野生动物多样性

（一）脊椎动物多样性

甘肃的野生动植物资源在全国占有重要地位，分布有脊椎动物950余种和亚种，其中哺乳动物近180种和亚种，鸟类570余种和亚种，爬行动物60余种和亚种，两栖动物30余种和亚种，鱼类110种。代表动物有大熊猫、金丝猴、白唇鹿、梅花鹿、马鹿、金钱豹、云豹、雪豹、野牦牛、盘羊、藏野驴、蒙古野驴、淡腹雪鸡、暗腹雪鸡、红腹角雉、绿尾虹雉、蓝马鸡、白冠长尾雉、红腹锦鸡、金雕、白肩雕、玉带海雕、白尾海雕、猎隼、黑颈鹤、大鲵、北方铜鱼、秦岭细鳞鲑、极边扁咽齿鱼等。

甘肃分布的鱼类中特有种类资源丰富，全省分布的中国特有种达67种，如大鳞副泥鳅、中华沙鳅、岷县高原鳅、黄河高原鳅、似鲇高原鳅、武威高原鳅、黑体高原鳅、梭形高原鳅、酒泉高原鳅、团头鲂、似鳊、嘉陵颌须鮈、黄河鮈、大鼻吻鮈、宽口光唇鱼、白甲鱼、华鲮、厚唇裸重唇鱼、极边扁咽齿鱼、花斑裸鲤、黄河裸裂尻鱼、嘉陵裸裂尻鱼、骨唇黄河鱼、兰州鲇、祁连裸鲤、黄河雅罗鱼等。

甘肃地形和地貌从大的地理单元上可以分为陇东陇中黄土高原区、陇南秦巴山地区、甘南青藏高原东北缘的甘南高原区以及河西走廊和南北两侧的祁连山与北山山地四个区域。

1 陇东陇中黄土高原

甘肃的黄土高原区，南接陇南山地，东起甘陕省界，西至乌鞘岭，面积约11.3万平方公里，占全省面积的24.9%。甘肃的黄土高原以陇山（六盘山）为界，以东称为陇东高原，以西称为"陇西高原"或"陇中高原"。

黄土高原分布的代表性动物有：豹、赤狐、马麝、林麝、梅花鹿、毛冠鹿、红腹锦鸡、大石鸡、勺鸡、鸳鸯、苍鹰、雕鸮、纵纹腹小鸮、大鵟、普通鵟、金雕、草原雕、玉带海雕、白尾海雕、鹗、猎隼、红隼、燕隼、红脚隼、白琵鹭等。

2 陇南秦巴山地

陇南山地号称"陇上江南"，地处甘肃省东南部，是秦巴山区、黄土高原、青藏高原的交汇区域，也是长江水系和黄河水系的交汇区。陇南山地是从亚热带湿润气候向暖温带湿润气候和高原气候的过渡地带，是甘肃省唯一拥有亚热带气候的地区。

温暖的气候、丰富的地貌使得陇南山地成为野生动物的天然乐园，分布的野生动物种类占甘肃省的一半以上，其中哺乳动物80种，鸟类280余种，两栖动物30种，爬行动物40种。属于国家重点保护的珍稀濒危动物达100多种，如大熊猫、金丝猴、羚牛、黑熊、云豹、金猫、貉、花面狸、豹猫、藏酋猴、中华鬣羚、中华斑羚、红喉雉鹑、蓝马鸡、血雉、红腹角雉、绿尾虹雉、白冠长尾雉、白尾鹞、雀鹰、松雀鹰、四川林鸮、毛腿雕鸮、斑头鸺鹠、鬼鸮等。

3 甘南高原

甘南高原地处甘肃省西南部，位于青藏高原东北边缘，地处青藏高原、黄土高原和陇南山地的过渡地带。甘南高原南部的岷（县）迭（部）山区，气候温和，是全国"六大绿色宝库"之一；西北部广阔的草甸草原，是全国的"五大牧区"之一。

甘南高原野生动物资源丰富，尤其是珍贵动物的种类和数量在全省占有较大比重，也是甘肃珍贵动物的主要栖息区之一。据统计，甘南分布有鸟类150多种，哺乳动物近80种。属国家重点保护的野生动物有斑尾榛鸡、大天鹅、黑颈鹤、胡兀鹫、高山兀鹫、秃鹫、棕熊、藏狐、水獭、白唇鹿、马鹿等。

4 祁连、河西走廊与北山山地

祁连山处于青藏、蒙新、黄土三大高原的交汇地带，属于大陆性高寒半湿润山地气候，气温年较差较大，具有明显的山地垂直气候带，自下而上为：浅山荒漠草原气候带、浅山干草原气候带、中山森林草原气候带、亚高山灌丛草甸气候带、高山冰雪植被气候带。

河西走廊东起乌鞘岭，西至甘新交界的星星峡，是块自东向西、由南而北倾斜的狭长地带。祁连山地海拔高处终年积雪，是河西走廊的天然固体水库，在这里形成了河西走廊著名的三大内陆河——石羊河、黑河和疏勒河，丰富的冰川融水，充足的光热条件，孕育了著名的戈壁绿洲，成为我国主要的商品粮基地。

北山山地位于河西走廊以北，靠近腾格里沙漠、巴丹吉林沙漠和库姆塔格沙漠，风急

沙大、山岩裸露、人烟稀少，在这里能领略到"大漠孤烟直，长河落日圆"的戈壁风光。

祁连山北坡的山前草原、荒漠化草原以及更高海拔的高寒草原是野骆驼、藏原羚、野马、蒙古野驴、藏野驴、野牦牛、高鼻羚羊、蒙古原羚、鹅喉羚、豺、草原斑猫、荒漠猫、沙狐的乐园；高山针阔混交林和常绿针叶林是猞猁、兔狲的天下；雪豹、北山羊、岩羊、盘羊常在高山裸岩地区生活。在此地繁殖的鸟类更是不计其数，能看到大鸨、小鸨、淡腹雪鸡、藏雪鸡、金雕、黑鹳、蓑羽鹤等的活动踪迹。还有适应干旱生活的爬行类的杰出代表如伊犁沙虎、荒漠沙蜥、荒漠麻蜥和红沙蟒。

5 甘肃分布的国家重点保护脊椎动物

根据2021年3月最新公布的《国家重点保护野生动物名录》，甘肃省分布有国家重点保护野生动物210种，其中国家Ⅰ级保护野生动物58种，国家Ⅱ级保护野生动物152种。

❖❖❖ 兽 类 ❖❖❖

大熊猫

Ailuropoda melanoleuca

中国特有种，国家Ⅰ级重点保护动物。食肉目大熊猫科，它用中式水墨画配色的皮毛、滚圆的身体和眼圈、内八字慢吞吞的行走方式，成为世界上最可爱的动物之一。甘肃分布于文县和迭部。

川金丝猴

Rhinopithecus roxellana

中国特有种，国家Ⅰ级重点保护动物。灵长目猴科仰鼻猴属。该属因物鼻骨退化、鼻孔向上而得名。川金丝猴在成年之后拥有一身金色的毛发，这也是它名字的由来。甘肃分布于武都、康县、文县。

雪豹

Panthera uncia

国家Ⅰ级重点保护动物。食肉目猫科动物，皮毛灰白、遍布黑斑，有一条粗大的毛茸茸的尾巴。因为它的舌骨基本骨化，雪豹不能像狮子老虎那样咆哮山巅一展王霸之气，只能发出咕噜声、呻吟声和喵喵叫的声音。甘肃分布于甘南及河西走廊的武威、张掖、酒泉等地。（达布西力特拍摄）

金钱豹

Panthera pardus

国家Ⅰ级重点保护动物。食肉目猫科动物，全身毛色棕黄，其上遍布着铜钱状的黑色斑点和环纹，故由此得名。甘肃分布于合水、武都、徽县、康县、文县、天水、临夏、康乐、和政、榆中等地。

云豹

Neofelis nebulosa

国家Ⅰ级重点保护动物。食肉目猫科动物，身体两侧有6个云状的暗色斑纹。斑纹周缘近黑色，而中心暗黄色，状如龟背饰纹，故又有"龟纹豹"之称。甘肃分布于陇南的文县和岷县。

金猫

Pardofelis temminckii

食肉目猫科的国家Ⅰ级重点保护动物。典型的金猫体毛黄色，背脊棕黑色，眼角前内侧各有一条白纹。古代文化中金猫是与虎、豹齐名的"彪"，民间号称"黄虎"。甘肃分布于武都、两当、徽县、文县、天水市区、舟曲、卓尼、临潭、迭部、宁县、崆峒区等地。

荒漠猫

Felis bieti

中国猫科动物中唯一的特有种，食肉目猫科的国家Ⅰ级重点保护动物。两眼的内眼角有白色斑纹，额部有三条暗棕色纹，尾巴上有5个黑色的半圆形环纹，尾巴很粗，尾毛长而蓬松。耳朵尖的两撮毛是它与家猫区分的显著标志。甘肃分布于民勤、天祝、肃州、玉门、敦煌、金塔、瓜州、肃北等地。

大灵猫

Viverra zibetha

国家Ⅰ级重点保护动物。食肉目灵猫科动物,俗名"麝香猫""九节狸"。颈侧和喉部有3条波状黑色领纹,其间夹白色宽纹。尾具5~6条黑白相间的色环,末端黑色。肛门下方具芳香腺囊,灵猫香是贵重的香料,也可入药。甘肃分布于陇南的武都、康县、文县。

豺

Cuon alpinus

食肉目犬科的国家Ⅰ级重点保护动物。外形似狼但比狼小,耳短而圆,背毛红棕色,毛尖黑色,腹部及四肢内侧毛色较浅淡。四肢较短,尾比狼略长,尾上毛长而密,略似狐尾。甘肃分布于武都、成县、徽县、康县、文县、天水市区、舟曲、卓尼、迭部、玛曲、康乐、和政、岷县、凉州区、永昌等地。

野牦牛

Bos mutus

青藏高原的特有种，偶蹄目牛科的国家Ⅰ级重点保护动物。四肢强壮，毛色黝黑，雄性个体的牛角大而粗壮。野牦牛的气管粗短，能够适应快速呼吸，因此可以适应海拔高、气压低、含氧量少的高山原条件，被称为"高原之舟"。甘肃分布于肃南、肃北、阿克塞。（达布西力特拍摄）

秦岭羚牛

Budorcas bedfordi

中国特有种，偶蹄目牛科羊亚科的国家Ⅰ级重点保护动物。羚牛叫牛而非牛，属于牛科羊亚科的成员。因它的角从头顶先弯向两侧，然后向后上方扭转，角尖向内，因此又称之"扭角羚"。有意思的是，羚牛也会像我们人类一样将宝宝送到"幼儿园"。羚牛宝宝出生后，几个不同家庭的宝宝汇聚在一起由2～3头成年羚牛悉心照料，就像我们送自己的儿女去幼儿园一样。下图就是白水江保护区安装的红外相机拍摄到的羚牛"幼儿园"，十几只萌萌的羚牛宝宝，一个挨着一个，安卧在山梁上的松林中晒太阳，外围有三只成年羚牛在悉心看护，像极了幼儿园中的老师和孩子们。甘肃分布于武都、徽县、康县、文县、舟曲、迭部等地。

蒙原羚

Procapra gutturosa

偶蹄目牛科的国家Ⅰ级重点保护动物。被毛呈橙黄色而俗称"黄羊"。毛色棕黄、四肢细长，雄羊有一对短而直的角，角尖相对；雌羊头顶只有一个隆起；具有明显的眶下腺。甘肃分布于环县、民勤、山丹、肃北、古浪、甘州等地。

高鼻羚羊

Saiga tatarica

偶蹄目牛科的国家Ⅰ级重点保护动物。背部黄褐色，臀部、尾、腹部白色，仅雄性具有明显环棱的角。最突出的特征是鼻部特别隆大而膨起，向下弯，鼻孔长在最尖端。中国的野生种群已经灭绝，现在武威濒危动物研究中心有半散养的引进种群，为恢复野外种群进行研究。甘肃仅在武威凉州区有一半散养种群。

野骆驼

Camelus ferus

偶蹄目骆驼科的国家Ⅰ级重点保护动物。胸部、前膝肘端和后膝的皮肤增厚，形成7块耐磨、隔热、保暖的角质垫。特别耐饥耐渴，也是唯一能在沙"海"中像"船"一样把人和货物运送到目的地的动物，所以有"沙漠之舟"的美称。

甘肃敦煌西湖国家级自然保护区就是为保护野骆驼而设立的，图中就是带有跟踪器的野骆驼。甘肃分布于肃北、阿克塞、敦煌。

梅花鹿

Cervus nippon

偶蹄目鹿科中的国家 I 级重点保护动物。因皮毛上许多白斑，状似梅花而得名。鹿角树杈形，眼大而圆，眶下腺呈裂缝状，泪窝明显，颈长腿长尾巴短。有一条黑色的背中线从耳尖贯穿到尾的基部。甘肃分布于徽县、天水市区、张家川、迭部、漳县、碌曲、榆中。

白唇鹿

Przewalskium albirostris

中国特有种，偶蹄目鹿科的国家 I 级重点保护动物。身体毛褐色，下唇白色是其得名的原因，白色会延续到喉上部和吻的两侧。雄性有如珊瑚一般巨大而多叉角。甘肃分布于玛曲、甘州区、山丹、民乐、肃南、肃北、阿克塞。

林麝

Moschus berezovskii

偶蹄目麝科的国家 I 级重点保护动物。雌雄都不长角；雄麝的上犬齿发达，长而尖，露出口外，呈獠牙状。最明显的特征是在颈部的两侧各有一条比较宽的白色带纹，一直延伸到腋下。甘肃分布于陇南、天水、平凉、庆阳、甘南、临夏。

马麝

Moschus chrysogaster

偶蹄目麝科的国家 I 级重点保护动物。全身沙黄或褐色。鼻端无毛，黑色。耳背及周缘黄棕色。成体背面具隐约斑点。同林麝一样，雄雌均无角。雄性也具有月牙状犬齿，向下伸出于唇外。腹部具有麝香囊。甘肃分布于陇南、天水、甘南、临夏、张掖、兰州、酒泉。

野马

Equus ferus

奇蹄目马科的国家 I 级重点保护动物。头部长大，颈粗，耳比驴短，蹄宽圆。外形似家马，但额部无长毛，颈鬃短而直立。夏毛浅棕色，两侧及四肢内侧色淡，腹部乳黄色；冬毛略长而粗，色变浅，两颊有赤褐色长毛。野马在我国原产地已灭绝，我国在1986年开展"野马还乡"计划，自2011年，在甘肃敦煌西湖国家级自然保护区和安西极旱荒漠国家级自然保护区进行了野外放归，现均已适应野外条件并建成了自然种群。

蒙古野驴

Equus hemionus

奇蹄目马科的国家 I 级重点保护动物。体型高大，棕色的脊背和白色的肚皮；脸长耳尖，颈部短短的鬃毛似刷子，背中央一条棕褐色的背线。甘肃分布于肃南、肃北、阿克塞。

藏野驴

Equus kiang

奇蹄目马科的国家 I 级重点保护动物。身体的鬃毛棕白两色界限分明。前肢内侧均有圆形胼胝体，俗称"腋眼"。和蒙古野驴相比，藏野驴更喜欢高海拔地区，主要分布在我国西部海拔4000米左右的区域。甘肃分布于玛曲、肃南、肃北、阿克塞。

小熊猫

Ailurus fulgens

食肉目小熊猫科的国家 II 级重点保护动物。外形像猫，全身红褐色。耳大吻短，脸颊有白色斑纹。四肢粗短，黑褐色。尾长、较粗且蓬松，有12条红暗相间的环纹。甘肃分布于天水、文县、迭部。

黑熊

Ursus thibetanus

食肉目熊科的国家Ⅱ级重点保护动物。又称"亚洲黑熊"，体毛黑亮而长，下颏白色，胸部有一块"V"字形白斑。因全身黑色且眼睛小导致看上去像没有眼睛一样，老百姓称之为"黑瞎子"。甘肃分布于陇南、天水、临夏、甘南。

棕熊

Ursus arctos

食肉目熊科的国家Ⅱ级重点保护动物。皮毛黑色常带有淡蓝色。头宽吻尖，耳壳圆形，肩高超过臀高，站立时肩部隆起，尾短，四肢特粗壮，颈部有类似于围巾的白色的毛胸，有一块月牙一样的白斑毛。甘肃分布于夏河、碌曲、玛曲、天祝、永昌、民乐、肃南、玉门、肃北、阿克塞等地。（乌力吉拍摄）

狼

Canis lupus

食肉目犬科的国家Ⅱ级重点保护动物。外形与狗和豺相似；上颚骨尖长，嘴巴宽大弯曲，耳竖立，尾挺直状多下垂夹于两后腿之间。毛色随产地而异，毛色多棕黄或灰黄色。甘肃分布于文县、迭部、岷县、碌曲、临洮、天祝、敦煌等地。

貉

Nyctereutes procyonoides

食肉目犬科的国家Ⅱ级重点保护动物。体型肥短，腿不成比例的短。体色乌棕。吻部白色；四肢黑色；尾巴粗短。成语"一丘之貉"说的就是它。甘肃分布于天水和庆阳。（周天林拍摄）

赤狐

Vulpes vulpes

食肉目犬科的国家Ⅱ级重点保护动物。背面棕灰或棕红色，腹部白色，尾尖白色，耳背面黑色，四肢外侧黑色条纹延伸至足面。具肛门腺，能施放奇特臭味用于逃避敌害，味道让捕食者晕头转向，传说中的"狐媚子"由此而来。甘肃分布于陇南、天水、甘南、平了、庆阳、张掖、武威、酒泉、嘉峪关等地。

藏狐

Vulpes ferrilata

食肉目犬科的国家Ⅱ级重点保护动物。大小接近赤狐，背部呈褐红色，腹部白色；体侧有浅灰色宽带；与背部和腹部明显区分。耳短小，凸显出"大脸"的特征，被戏称为颜值最低的狐狸。在甘肃分布于碌曲、玛曲、肃北。（达布西力特拍摄）

沙狐

Vulpes corsac

食肉目犬科的国家Ⅱ级重点保护。大的耳朵，沙棕色的皮毛，短脸尖嘴，尾巴粗长，四肢短小。没有赤狐的秀气身形，也没有藏狐的大脸盘子，奔跑速度不如狗。在捕猎时常集体出动，分工明确。甘肃分布于碌曲、临夏、康乐、和政、民勤、肃南、玉门、敦煌、阿克塞等地。（牛金帅拍摄）

黄喉貂

Martes flavigula

食肉目鼬科的国家II级重点保护动物。因前胸部具有明显的黄橙色喉斑而得名。耳部短而圆，尾毛不蓬松，体形细长，大小如小狐狸。头及颈背部、身体的后部、四肢及尾巴均为暗棕色至黑色，喉胸部毛色鲜黄，腰部呈黄褐色。甘肃分布于武都、成县、康县、文县、天水市区、张家川、舟曲、卓尼、迭部、玛曲、临夏、康乐、环县、漳县等地。

石貂

Martes foina

食肉目鼬科的国家II级重点保护动物。毛色为淡棕褐色，头部呈淡灰褐色，耳缘白色，喉胸部具一鲜明的白色块斑，呈"V"形或不规则的环状。甘肃分布于武都、迭部、西峰、庆城、岷县、临洮、皋兰、天祝等地。

水獭

Lutra lutra

食肉目鼬科的国家Ⅱ级重点保护动物。背部为咖啡色，腹面灰褐色。体长吻短，眼圆耳小。鼻孔和耳道生有小圆瓣，潜水时能关闭。毛具有防水性、指（趾）间有蹼，适于游泳。甘肃分布于陇南、张家川、迭部、碌曲、环县、漳县、张掖等地。

草原斑猫

Felis silvestris

食肉目猫科的国家Ⅱ级重点保护动物。俗称"野猫"，身体背部呈淡沙黄色，腹面则为淡黄灰色。前额有4条十分明显的黑带，尾巴上面有5～6条棕黑色横纹。草原猫的领地意识极强，是中国西北部草原和干旱地区的一霸。和兔狲、荒漠猫并称为"西部三大萌猫"。甘肃分布于临洮、肃南、肃州、敦煌、肃北等地。

兔狲

Otocolobus manul

食肉目猫科的国家Ⅱ级重点保护动物。我国"西部三大萌猫"之一。虽然被称为萌猫，但兔狲是一种性格凶悍的动物。特征是额头宽吻短，瞳孔为淡绿色。毛色比较杂，头部毛发呈现出灰色，下颌为米白色。甘肃分布于合作市、碌曲、临夏市、和政、临洮、甘州区、肃南、敦煌等地。

猞猁

Lynx lynx

食肉目猫科的国家Ⅱ级重点保护动物。猞猁体型似猫，面部像虎；背毛红棕色，腹毛淡黄色，两颊具有2～3列明显的棕黑色纵纹。耳朵上有两束黑色耸立的像天线一样的簇毛。甘肃分布于陇南、甘南、兰州、武威、张掖、酒泉、金昌等地。

豹猫

Prionailurus bengalensis

食肉目猫科中的国家Ⅱ级重点保护动物。因其身上的斑点很像铜钱也被称作"钱猫"。明显的白色条纹从鼻子一直延伸到两眼间直到头顶。耳后黑色带有白斑点。两条黑色条纹从眼角内侧一直延伸到耳基部。内侧眼角到鼻部有一条白色条纹。尾长，上有环纹，尾尖黑色。甘肃分布于陇南、甘南、临夏、兰州、天水、平凉、庆阳等地。

藏酋猴

Macaca thibetana

中国特有种，灵长目猴科的国家Ⅱ级重点保护动物。藏酋猴是我国体型最大的一种猕猴，虽然名字里带了一个"藏"字，但实际上并不生活在西藏。它们主要生活繁衍的区域集中在我国的中部地区，东至福建，西到四川，北达秦岭南部，南到南岭，是一种分布范围较广泛的种类。甘肃仅分布于文县和武都。

猕猴

Macaca mulatta

灵长目猴科的国家Ⅱ级重点保护动物。身上大部分毛色为灰黄或灰褐色，胸腹部和腿部的灰色较浓。不同地区和个体间体色往往有差异。面部、两耳多为肉色，臀胝发达，多为肉红色。甘肃分布于武都、成县、两当、徽县、康县、文县等地。

岩羊

Pseudois nayaur

青藏高原特有种，偶蹄目牛科的国家Ⅱ级重点保护动物。通身均为青灰色，因此也被称为"青羊"，因擅长在悬崖峭壁上穿梭，被称为"崖壁上的精灵"。吻部和面部为灰白色与黑色相混，胸部为黑褐色。雄羊的四肢前缘有黑纹，雌羊没有。甘肃分布于陇南、甘南、临夏、武威、张掖、金昌、酒泉。

盘羊

Ovis darwini

偶蹄目牛科的国家 II 级重点保护动物。体型魁梧，角明显向下扭曲呈螺旋状，盘在头两侧，外侧有环棱。雌性角短，且弯度不大。头大颈粗尾短小。胸、腹部，四肢内侧和下部及臀部均呈白色。四肢粗短，蹄的前面特别陡直，适于攀爬于岩石间。甘肃分布于肃南、阿克塞、玉门、瓜州。

北山羊

Capra sibirica

偶蹄目牛科的国家 II 级重点保护动物。雌雄头上都有角，雄兽的角更是极为发达，横剖面近似三角形，上面有大而明显的横嵴。浅棕色的皮毛和山石颜色接近。雄性北山羊从头到尾有一条黑色的纵纹。喜欢集群，善于攀登和跳跃。和岩羊、盘羊一起被称为"西北荒漠三剑客"。甘肃分布于肃北、瓜州等地。

藏原羚

Procapra picticaudata

青藏高原特有种，偶蹄目牛科的国家Ⅱ级重点保护动物。仅雄性具角，细短向后弯成弧状。典型特征是臀部有一嵌黄棕色边缘的心形白斑，奔跑时，白屁股在太阳的照射下闪闪发光，好似用屁股在比心。甘肃分布于肃南、肃北、阿克塞。

鹅喉羚

Gazella subgutturosa

偶蹄目牛科的国家Ⅱ级重点保护动物。雄羚在发情期喉部肥大，状如鹅喉，故由此得名。雄性鹅喉羚头上有角，两只角尖方向相对，很有特点。甘肃分布于卓尼、临夏、民勤、敦煌、金塔、肃北、阿克塞等地。

中华鬣羚

Capricornis milneedwardsii

偶蹄目牛科的国家Ⅱ级重点保护动物。因角似鹿非鹿，蹄似牛非牛，头似羊非羊，耳朵似驴非驴，因此被老百姓称为"四不像"。古代素有"天马"一说。甘肃分布于陇南、甘南、临夏、天水、庆阳等市州。

中华斑羚

Naemorhedus griseus

偶蹄目牛科的国家Ⅱ级重点保护动物。多棕褐色，背部具不太长的鬃毛。在背中央有一条黑褐色带。耳内白色，耳尖棕黑色。尾端部及长尾毛呈棕黑色。雌雄均具黑色角，角较细短。弹跳能力很强，小学课文里面"斑羚飞渡"指的就是它。甘肃分布于陇南、天水、平凉、庆阳等地。

马鹿

Cervus canadensis

偶蹄目鹿科的国家Ⅱ级重点保护动物。赤褐色，背毛色深，腹面较浅，故有"赤鹿"之称。颈长腿长蹄子大尾短。雄性马鹿的大角极为醒目，常分为6叉；第二叉紧靠基部的眉叉，距离极短，称为"对门叉"，这是区别于梅花鹿和白唇鹿的角的特征（梅花鹿角只有4～5个叉）。雌性马鹿则没有角。甘肃分布于天水和张掖。

毛冠鹿

Elaphodus cephalophus

偶蹄目鹿科的国家Ⅱ级重点保护动物。因头顶有一撮黑褐色冠毛而得名。全身暗褐色，眼较小，眶下腺特别显著。仅雄鹿有角，角极短且角冠不分叉，隐藏在额顶上的一簇长的黑毛丛中。耳内侧白色，耳背尖端白。甘肃分布于陇南、甘南、天水、庆阳等地。

❖❖❖ 鸟　类 ❖❖❖

红喉雉鹑

Tetraophasis obscurus

中国特有鸟类，鸡形目雉科的国家
Ⅰ级重点保护动物。背部褐色，头顶与
两侧深灰，头顶与枕羽中央有黑褐色纵
纹。耳羽深栗色。背、腰、尾上覆羽均
为栗色，具清晰而有规则的黑色横斑。
甘肃分布于陇南、甘南、临夏、天水、
张掖、嘉峪关等地。

白冠长尾雉

Syrmaticus reevesii

中国特有鸟类，鸡形目雉科的国家Ⅰ级重点保护动物。雄鸟头顶、
额、喉和颈白色，眼下有大形白斑；额、眼先、眼区、颊、耳区及后头
等均黑色，形成一圈围着头顶的环带；白色颈部之后有一不完整的黑领；
背面呈金黄色或棕黄色。长尾雉是深受人们喜爱的鸟类，尾羽称为"雉
翎"，是传统戏曲盔头的饰品。但是由于栖息地的破坏和过度的猎捕，种
群数量现在较少。甘肃仅康县有分布。

斑尾榛鸡

Tetrastes sewerzowi

中国特有鸟类，鸡形目松鸡科的国家 I 级重点保护动物。雄鸟头顶深栗色具黑色斑点，有短的羽冠；眼后有一条缀有黑色斑点的白色纵带。上体栗色，具显著的黑色横斑。甘肃分布于天水、陇南、甘南、临夏、张掖、武威、嘉峪关等地。

绿尾虹雉

Lophophorus lhuysii

中国特有鸟类，鸡形目雉科的国家 I 级重点保护动物。头顶后部耸起短的冠羽覆盖在颈项上，为青铜色；上体紫铜色或绿铜色，下背和腰白色；下体黑色；尾蓝绿色。雌鸟上体深栗色，具淡白色纹和皮黄色斑，下背和腰白色。因其嘴很坚固，而且前端弯曲呈钩状，很像鹰嘴，称为"鹰鸡"。甘肃分布于文县、舟曲、迭部、岷县等地。

青头潜鸭

Aythya baeri

雁形目鸭科的国家Ⅰ级重点保护动物。雄鸟头和颈黑色，并具绿色光泽，眼白色。上体黑褐色，腹部白色与胸部栗色截然分开，并向上扩展到两胁前面，两胁淡栗褐色，具白色端斑。雌鸟体羽纯褐色。迁徙季节在永登和景泰等地有记录。

小鸨

Tetrax tetrax

鸨形目鸨科的国家Ⅰ级重点保护动物。雄鸟在夏季上体为灰黄褐色，具黑色的细斑。颊部和喉部为灰色；颈部为黑色，有"V"字形的斜带和一条白色的横带。甘肃仅瓜州有分布记录。（马鸣拍摄）

大鸨

Otis tarda

鸨形目鸨科的国家Ⅰ级重点保护动物。雄鸟的头、颈及前胸灰色，其余下体栗棕色，密布宽阔的黑色横斑。雌雄鸟的两翅覆羽均为白色，在翅上形成大的白斑，飞翔时十分明显。甘肃分布于平凉、庆阳、兰州、白银、武威、张掖、酒泉、嘉峪关等地。（袁海龙拍摄）

黑颈鹤

Grus nigricollis

鹤形目鹤科的国家Ⅰ级重点保护动物。世界上唯一越冬、繁殖都在高原的鹤类。体羽灰白色，头及颈部三分之二黑色，头顶暗红，飞羽和尾羽黑色。甘肃分布于碌曲、玛曲、永靖、肃北等地。

遗鸥

Ichthyaetus relictus

鸻形目鸥科的国家Ⅰ级重点保护动物。嘴和脚暗红色，夏季头部纯黑，像围着一块黑色的头巾。眼睛后缘的上、下方各具一个星月形的白斑。背部淡灰色，其余白色。飞翔时翅膀的尖端黑色，且有白色的斑。冬季头部变为白色，只在耳区有一个暗色的斑。甘肃分布于临泽、高台、肃州、金塔。

朱鹮

Nipponia nippon

东亚特有种，鹳形目鹮科的国家Ⅰ级重点保护动物。身体羽毛白色，额至面颊部皮肤裸露，呈鲜红色；繁殖期时用喙不断啄取从颈部肌肉中分泌的灰色素，涂抹到头部、颈部、上背和两翅羽毛上，使其变成灰黑色。甘肃分布于武都、徽县、康县、武山等地。

黑鹳

Ciconia nigra

　　鹳形目鹳科的国家 I 级重点保护动物。有"鸟中大熊猫"之称。嘴长而粗壮，嘴和脚都是红色。身上的羽毛光彩变幻，除胸腹部为纯白色外，其余都是黑色。颈部具有绿色光泽，背、肩、翅具有紫色和青铜色的光泽。甘肃分布于庆阳、平凉、甘南、白银、临夏、张掖、定西、武威等地。

东方白鹳

Ciconia boyciana

　　鹳形目鹳科的国家 I 级重点保护动物。嘴长而粗壮，呈黑色。身体上的羽毛主要为纯白色。翅膀宽而长，翅膀前端为黑色，并具有绿色或紫色的光泽。腿和脚长，鲜红色。甘肃仅天水有分布的记录。

白鹈鹕

Pelecanus onocrotalus

　　鹈形目鹈鹕科的国家 I 级重点保护动物。通体白色。嘴长而粗直，铅蓝色，嘴下有一橙黄色皮囊。繁殖羽头后部有一簇长而窄的白色冠羽。黑色的眼位于粉黄色的脸上。迁徙季节的河西走廊和平凉有记录。

卷羽鹈鹕

Pelecanus crispus

鹈形目鹈鹕科的国家Ⅰ级重点保护动物。一种大型的白色水鸟，嘴铅灰色，长而粗，前端有一个黄色爪状弯钩。眼浅黄，喉囊橘黄或黄色，颈背有卷曲的冠羽，这也是名称的由来。迁徙季节途经河西走廊。

玉带海雕

Haliaeetus leucoryphus

鹰形目鹰科的国家Ⅰ级重点保护动物。全身呈棕色，头顶赭褐色；颈部的羽毛较长，呈披针形。肩部羽具棕色条纹，下背和腰羽端棕黄色。尾为圆形，尾羽中间具一道宽阔的白色横带斑。甘肃分布于陇南、天水、兰州、武威、张掖等地。（袁海龙拍摄）

白尾海雕

Haliaeetus albicilla

鹰形目鹰科的国家Ⅰ级重点保护动物。成鸟暗褐色，后颈和胸部羽毛为披针形，较长；头、颈羽色较淡，沙褐色或淡黄褐色；嘴、脚黄色；尾羽呈楔形，为白色。甘肃分布于天水、庆阳、甘南、白银、兰州、武威、张掖。

白肩雕

Aquila heliac

鹰形目鹰科的国家Ⅰ级重点保护动物。身体羽毛黑褐色，肩部有明显的白斑，在黑褐色的体羽上极为醒目，这是其得名的原因，也区别其他雕的主要特征。滑翔时两翅平直，不上举成"V"字形；同时飞翔时尾羽收得很紧，不散开，因而尾显得较窄长。甘肃分布于临夏、定西、武威。

草原雕

Aquila nipalensis

鹰形目鹰科的国家Ⅰ级重点保护动物。全身褐色，尾型平，两翅具深色后缘。体色从淡灰褐色到暗褐色都有。甘肃分布范围较广，陇南、天水、甘南、临夏、平凉、庆阳、定西、兰州、武威、张掖、酒泉、嘉峪关均有分布。

金雕

Aquila chrysaetos

鹰形目鹰科的国家Ⅰ级重点保护动物。西游记中金翅大鹏鸟的原型。平均翅展超2米。全身羽毛以褐色为主，头后侧、枕部到后颈有特殊的披针形金黄色羽毛，金雕之"金"来源于此。甘肃分布于陇南、甘南、临夏、兰州、白银、武威、张掖、酒泉、嘉峪关。

胡兀鹫

Gypaetus barbatus

鹰形目鹰科的国家Ⅰ级重点保护动物。因吊在嘴下的黑色胡须而得名。身体黑褐色；头灰白色，有黑色贯眼纹，向前延伸与颏部的须状羽相连；后头、颈、胸和上腹红褐色。成名绝技高空抛物——骨头从高空抛向岩石打碎，号称"鸟中鬣狗"。甘肃分布于甘南、兰州、武威、张掖、酒泉等地。

秃鹫

Aegypius monachus

鹰形目鹰科的国家Ⅰ级重点保护动物。脸部蓝灰色，颈基部被有长的黑色或淡褐白色羽簇形成的皱翎。通体黑褐色，头裸出，后颈完全裸出无羽。甘肃分布于甘南、临夏、平凉、庆阳、兰州、白银、武威、张掖、酒泉等地。

毛腿雕鸮

Bubo blakistoni

鸮形目鸱鸮科的国家Ⅰ级重点保护动物。原来被称为"毛腿渔鸮"。眼睛黄色，胸前腹部有浓重的黑色纵纹和横斑，且腿上有羽毛覆盖，故叫它"毛腿"，这一点更是与雕鸮相近而和其他的渔鸮有别。甘肃分布于武都、文县、武山、舟曲等地。（图片下载自360百科）

四川林鸮

Strix davidi

中国唯一一种特有分布的鸮形目鸟类。鸮形目鸱鸮科的国家Ⅰ级重点保护动物。和其他鸮类相比，无耳羽簇是它的一大特征。面庞灰色，眼褐色。甘肃分布于临潭、碌曲、卓尼。

猎隼

Falco cherrug

隼形目隼科中的国家Ⅰ级重点保护动物。颈背偏白，头顶浅褐。头部对比色少，眼下方具不明显黑色线条，眉纹白。甘肃分布于陇南、临夏、甘南、兰州、白银、武威、张掖、酒泉。（赵格日乐图拍摄）

灰冠鸦雀

Sinosuthora przewalskii

中国特有鸟类，雀形目莺鹛科的国家Ⅰ级重点保护动物。嘴粗厚而短，似鹦鹉嘴，头顶灰色，前额和眼先黑色，眉纹黑褐色，眼周棕褐色。背橄榄黄色，飞羽具黄色羽缘。喉、胸棕褐色。甘肃分布于岷县、卓尼、舟曲、文县。（图片下载自360百科）

黑额山噪鹛

Garrulax sukatschewi

雀形目噪鹛科中的国家 I 级重点保护动物。颊和耳羽白色具黑色贯眼纹和颧纹，在淡色的头部甚为醒目，鼻羽黑色，遮挡在前额，故名"黑额山噪鹛"。飞羽和尾羽均具白色端斑。甘肃分布于武都、文县、卓尼、临潭、迭部等地。

黑头噪鸦

Perisoreus internigrans

雀形目鸦科中的国家 I 级重点保护动物。体形似乌鸦但较小。头、翅、尾羽黑褐色，其余部位灰褐色，全身无鲜亮色调。嘴黄橄榄色，脚黑色。甘肃分布于康县、卓尼、迭部。（鸟林细语拍摄）

藏雪鸡

Tetraogallus tibetanus

鸡形目雉科的国家 II 级重点保护动物。喉部白色，耳羽白色有时染皮黄色，胸两侧有白色圆形斑块。适合高海拔山区环境，因此分布区域海拔较高。甘肃分布于甘南、临夏、武威、金昌、张掖、酒泉、嘉峪关等地。

暗腹雪鸡

Tetraogallus himalayensis

鸡形目雉科的国家Ⅱ级重点保护动物。头顶至后颈灰褐色或灰白色，颈的侧面有一个白色斑，其上下边缘均围着一圈栗色的线条，并与喉和上胸之间的栗色线条相连；中央尾羽是淡棕色，外侧尾羽是栗色。甘肃分布于武威、金昌、张掖、酒泉等地。

红腹角雉

Tragopan temminckii

鸡形目雉科的国家Ⅱ级重点保护动物。得名"角雉"是因为这种鸟类的头顶有着黑色的羽冠，在羽冠两侧有一对钴蓝色的肉质角。身体羽毛深栗红色，上面布满了圆圆的灰色眼状斑。颈两边各有八个大小不一的鲜红色斑块，点缀有许多天蓝色的斑点，斑纹整个看上去有些像"寿"字，因此当地人称它为"寿鸡"，是长寿和好运的象征。甘肃分布于陇南和天水。

勺鸡

Pucrasia macrolopha

鸡形目雉科的国家Ⅱ级重点保护动物。雄性头部呈金属暗绿色，并具棕褐色和黑色的长冠羽；颈部两侧各有一白色斑；体羽呈现灰色和黑色纵纹；下体中央至下腹深栗色。雌鸟身体棕褐色，头不呈暗绿色，下体也无栗色。甘肃分布于陇南、天水、平凉。

血雉

Ithaginis cruentus

鸡形目雉科的国家Ⅱ级重点保护动物。别名"血鸡""松花鸡"，雄鸟大覆羽，尾下覆羽、尾上覆羽、脚、头侧、蜡膜、眼周为红色，故由此得名。因其胸侧和翅上覆羽沾绿，被称为"绿鸡"。甘肃分布于陇南、天水、庆阳、平凉、甘南、武威、张掖、金昌等地。

蓝马鸡

Crossoptilon auritum

中国特有鸟类，鸡形目雉科的国家Ⅱ级重点保护动物。头侧绯红，耳羽簇白色、突出于颈部顶上，通体蓝灰色，中央尾羽特长而翘起。尾羽披散下垂如马尾，故名"马鸡"。甘肃分布于陇南、天水、甘南、临夏、兰州、武威、金昌、张掖、酒泉、嘉峪关等地。

红腹锦鸡

Chrysolophus pictus

甘肃省省鸟，中国特有鸟类，鸡形目雉科的国家Ⅱ级重点保护动物。因其背部的金黄色羽毛、头上金黄色的丝状羽冠和腹部的血红色而得名。甘肃分布于陇南、天水、平凉、庆阳、甘南、临夏、定西等地。

大石鸡

Alectoris magna

中国特有鸟类，鸡形目雉科的国家Ⅱ级重点保护动物。下脸部、颏及喉上的白色块外缘有一黑色项圈，在胸部中断，外层另有一特征性栗色线。眼周裸皮绯红，眼上方的眉纹是黑色的；两胁的黑色横斑较多而密，有18条。仅在中国的宁夏、甘肃、青海有分布。甘肃分布于兰州、白银、天水、定西等地。

棉凫

Nettapus coromandelianus

雁形目鸭科的国家 **Ⅱ** 级重点保护动物。雄性棉凫繁殖时毛色泛黑绿色光泽，头部、颈部及下身主要呈白色，飞行时，雄鸟双翼呈绿色并有白带，雌鸟羽色较淡。非繁殖期间，雄鸟的羽毛与雌性的相似。甘肃分布于兰州、白银。

鸳鸯

Aix galericulata

雁形目鸭科的国家 **Ⅱ** 级重点保护动物。鸳指雄鸟，鸯指雌鸟。雌雄异色。雄鸟嘴红脚橙，羽色华丽。头具冠羽，眼后有宽阔的白色眉纹，翅上有一对栗黄色扇状直立羽，像帆一样立于后背，非常醒目和易于辨认。雌鸟嘴黑脚橙，头和整个上体灰褐色，眼周白色，其后连一细的白色眉纹。甘肃分布于临夏、兰州、甘南、定西、平凉、庆阳等地。

白额雁

Anser albifrons

雁形目鸭科的国家 **Ⅱ** 级重点保护动物。上体大多灰褐色，从上嘴基部至额有一宽阔白斑，下体白色，杂有黑色块斑。为"一夫一妻制"，雌雄共同参与雏鸟的养育。甘肃分布于甘南、临夏、酒泉等地。

大天鹅

Cygnus cygnus

雁形目鸭科的国家Ⅱ级重点保护动物。全身洁白，仅头稍沾棕黄色，体型高大。嘴黑，嘴基有大片黄色，嘴基的黄色延伸到鼻孔以下。迁徙时以家族为单位，呈"一"字、"人"字或"V"字形。它是世界上飞得最高的鸟类之一，能飞越珠穆朗玛峰。甘肃分布于陇南、天水、甘南、庆阳、平凉、白银、兰州、临夏、武威、左右、金昌、酒泉等地。

小天鹅

Cygnus columbianus

雁形目鸭科的国家Ⅱ级重点保护动物。与大天鹅在体形非常相似，区别在于小天鹅嘴基黄色仅限于嘴基的两侧，不沿嘴缘延伸到鼻孔以下。甘肃分布于临夏、张掖、酒泉。

疣鼻天鹅

Cygnus olor

雁形目鸭科中的国家Ⅱ级重点保护动物。因前额有一块瘤疣的突起而得名。全身羽毛洁白，游泳时颈部弯曲略似"S"形。嘴基、嘴缘黑色，其余红色。甘肃分布于永靖、临泽、高台、肃州、金塔。

斑头秋沙鸭

Mergellus albellus

雁形目鸭科的国家Ⅱ级重点保护动物。雄鸟体羽以黑白色为主。眼周、枕部、背黑色，腰和尾灰色。两翅灰黑色。雌鸟上体黑褐色，下体白色。头顶栗色。甘肃分布于兰州市区、榆中、皋兰、永登等地。

黑颈䴙䴘

Podiceps nigricollis

䴙䴘目䴙䴘科的国家Ⅱ级重点保护动物。嘴黑色，细而尖，微向上翘，眼红色。夏羽头、颈和上体黑色，两胁红褐色，下体白色，眼后有呈扇形散开的金黄色饰羽。甘肃分布于甘南、兰州、庆阳、武威、张掖、酒泉等地。

赤颈䴙䴘

Podiceps grisegena

䴙䴘目䴙䴘科的国家 II 级重点保护动物。嘴基部黄色，尖端黑色。夏羽头顶和短的冠羽黑色，颊和喉灰白色，前颈、颈侧和上胸栗红色，后颈和上体灰褐色，下体白色。冬羽头顶黑色，头侧和喉白色，后颈和上体黑褐色，前颈灰褐色，下体白色，翼前后缘均白色，飞翔时极明显。甘肃在嘉峪关有分布记录。

红翅绿鸠

Treron sieboldii

鸽形目鸠鸽科的国家 II 级重点保护动物。头部橄榄色，头侧和后颈为灰黄绿色，颈部较灰，常形成一个带状斑。其余上体和翅膀的内侧为橄榄绿色。翅膀上有大块的紫红栗色斑上，飞羽和大覆羽黑色。甘肃分布于陇南和天水。（吴少斌拍摄）

灰鹤

Grus grus

鹤形目鹤科的国家 II 级重点保护动物。全身羽毛大都灰色，头顶裸出皮肤鲜红色，眼后至颈侧有一灰白色纵带，脚黑色。甘肃分布于陇南、天水、甘南、临夏、庆阳、平凉、兰州、白银、武威、金昌、张掖、酒泉等地。

蓑羽鹤

Grus virgo

鹤形目鹤科的国家Ⅱ级重点保护动物。鹤类中个体最小的一种。全身蓝灰色，眼先、头侧、喉和前颈黑色，眼后有一白色耳簇羽极为醒目。前颈黑色羽延长，悬垂于胸部。甘肃分布于兰州、临夏、定西、张掖等地。

白琵鹭

Platalea leucorodia

鹳形目鹮科的国家Ⅱ级重点保护动物。全身羽毛白色，眼先、眼周、颏、上喉裸皮黄色；嘴长直、扁阔似琵琶；胸及头部冠羽黄色（冬羽纯白）；颈、腿均长，腿下部裸露呈黑色。甘肃分布于兰州、白银、武威、张掖、酒泉等地。

白腰杓鹬

Numenius arquata

鸻形目鹬科的国家Ⅱ级重点保护动物。头顶及上体淡褐色，翅上覆羽具锯齿形黑褐色羽轴斑。脸淡褐色，颏、喉灰白色，前颈、颈侧、胸、腹棕白色或淡褐色；腹、两胁白色具粗著的黑褐色斑点。在甘肃分布于永靖、兰州市区、榆中、皋兰、永登。

大杓鹬

Numenius madagascariensis

鸻形目鹬科的国家 II 级重点保护动物。嘴长而下弯，比白腰杓鹬色深而褐色重，下背及尾褐色，下体皮黄。飞行时展现的翼下横纹不同于白腰杓鹬的白色。甘肃分布于永靖、兰州市区、榆中、皋兰、永登。

翻石鹬

Arenaria interpres

鸻形目鹬科的国家 II 级重点保护动物。在繁殖季时体色非常醒目，由栗色、白色和黑色交杂而成，嘴短，黑色，脚橙红色。到了冬天，翻石鹬身上的栗红色就会消失，而换上单调且朴素的深褐色羽毛。甘肃仅阿克塞有分布记录。

鹮嘴鹬

Ibidorhyncha struthersii

鸻形目鹮嘴鹬科的国家 II 级重点保护动物。腿及嘴红色，嘴长且下弯。一道黑白色的横带将灰色的上胸与其白色的下部隔开。翅膀下白色，翅上中心部位有大片白色斑。甘肃分布于陇南、天水、定西、武威等地。

凤头蜂鹰

Pernis ptilorhynchus

鹰形目鹰科的国家Ⅱ级重点保护动物。头的后枕部通常具有短的黑色羽冠，像在头顶戴了一尊凤冠，凤头蜂鹰之名由此而来。虹膜为金黄色或橙红色，非常美丽。嘴为黑色，脚和趾为黄色，爪黑色。上体通常为黑褐色，头侧为灰色，喉部白色。甘肃分布于武威、张掖、陇南。

黑鸢

Milvus migrans

鹰形目鹰科的国家 II 级重点保护动物。上体暗褐色，下体棕褐色，均具黑褐色羽干纹，尾较长，呈叉状，具宽度相等的黑色和褐色相间排列的横斑；飞翔时翼下左右各有一块大的白斑。全省均有分布。

高山兀鹫

Gyps himalayensis

鹰形目鹰科的国家 II 级重点保护动物。头和颈裸露，仅稀疏有几根头发一样的绒羽，颈基部长的羽簇呈披针形，形成一个立领。上体和翅上覆羽淡黄褐色，飞羽黑色。下体淡白色或淡皮黄褐色，飞翔时淡色的下体和黑色的翅形成鲜明对照。甘肃分布于迭部、碌曲、河西走廊等地。

兀鹫

Gyps fulvus

鹰形目鹰科的国家 II 级重点保护动物。颈基部具松软的近白色翎颌，头及颈黄白。和高山兀鹫的区别在于飞行时上体黄褐而非浅土黄色，胸部浅色羽轴纹较细。与秃鹫的区别在下体浅色，且尾呈平形或圆形而非楔形。甘肃分布于文县、卓尼县、玛曲。

短趾雕

Circaetus gallicus

鹰形目鹰科的国家Ⅱ级重点保护动物。背部灰褐色，喉部和胸部褐色，腹部白色具不明显的横斑，尾部具不明显的宽阔横斑。嘴黑色，脚偏绿。冬季通常无声，偶作哀怨的咪咪叫声。甘肃分布于武威、张掖、金昌、酒泉等地。

棕尾鵟

Buteo rufinus

鹰形目鹰科的国家Ⅱ级重点保护动物。成鸟头、颈棕褐色，上体褐色；第2～5枚初级飞羽外翈具横斑；下体棕白色；尾部棕褐色，与其他种鵟不同。飞行时，翅上举呈"V"形，翼尖黑色。甘肃分布于陇南、天祝、酒泉。

白尾鹞

Circus cyaneus

鹰形目鹰科的国家Ⅱ级重点保护动物。雄鸟背蓝灰色、头和胸较暗，翅尖黑色，尾上覆羽、腹部和翅下面白色。飞翔时，从上面看，蓝灰色的上体、白色的腰和黑色翅尖形成明显对比；从下面看，白色的腹部，较暗的胸和黑色的翅尖形成鲜明对比。雌鸟背部暗褐色，尾上羽毛白色，腹部皮黄白色。常贴地面低空飞行，滑翔时两翅上举成"V"字形。甘肃分布于陇南、天水、皋兰、永登、景泰、天祝、金塔等地。

白头鹞

Circus aeruginosus

鹰形目鹰科的国家Ⅱ级重点保护动物。雄鸟头顶至上背白色，具宽阔的黑褐色纵纹。背部栗褐色，头顶至后颈棕皮黄色，具褐色纵纹，喉皮黄色，上胸棕色，下胸皮黄色，腹部栗色，胸具锈色纵纹；雌鸟暗褐色，头顶、枕和喉皮黄白色。甘肃分布于酒泉、张掖、武威。

普通鵟

Buteo japonicus

鹰形目鹰科的国家Ⅱ级重点保护动物。背部主要为暗褐色，腹部主要为暗褐色或淡褐色，具深棕色横斑或纵纹。尾淡灰褐色，具多道暗色横斑。飞翔时初级飞羽基部有明显的白斑，仅翅尖、翅角和翅外缘黑色或全为黑褐色，尾散开呈扇形。翱翔时两翅微向上举成浅"V"字形。甘肃分布于陇南、天水、庆阳、平凉、定西、兰州、武威、金昌、张掖、酒泉等地。

大鵟

Buteo hemilasius

鹰形目鹰科的国家Ⅱ级重点保护动物。头顶和后颈白色，羽毛上有褐色纵纹。头侧白色；背部淡褐色，有3～9条暗色横斑；下腹部大都棕白色；跗跖前面通常被羽，飞翔时翼下有白斑。甘肃分布于陇南、天水、甘南、兰州、白银、武威、张掖、酒泉等地。

苍鹰

Accipiter gentilis

鹰形目鹰科的国家 II 级重点保护动物。头顶、枕和头侧黑褐色，枕部有白羽尖，眉纹白杂黑纹；背部棕黑色；胸以下密布灰褐和白相间横纹；尾灰褐，有4条宽阔黑色横斑，尾方形。飞行时，双翅宽阔，翅下白色，

但密布黑褐色横带。甘肃分布于陇南、天水、甘南、临夏、定西、武威等地。

雀鹰

Accipiter nisus

鹰形目鹰科的国家 II 级重点保护动物。雄鸟上体暗灰色，雌鸟灰褐色。下体白色或淡灰白色，雄鸟具细密的红褐色横斑，雌鸟具褐色横斑。尾4～5道黑褐色横斑。甘肃分布于陇南、庆阳、天水、定西、白银、临夏、甘南、武威、金昌、张掖、酒泉、嘉峪关等地。

松雀鹰

Accipiter virgatus

鹰形目鹰科的国家 II 级重点保护动物。上体黑灰色，喉白色，喉中央有一条宽阔而粗著的黑色中央纹，其余下体白色或灰白色，具褐色或棕红色斑，尾具4道暗色横斑。雌鸟个体较大，上体暗褐色，下体白色具暗褐色或赤棕褐色横斑。甘肃分布于陇南、天水、甘南、临夏、庆阳、平凉、兰州、白银、武威、金昌、张掖、酒泉、嘉峪关等地。

日本松雀鹰

Accipiter gularis

鹰形目鹰科的国家Ⅱ级重点保护动物。外形和羽色很像松雀鹰，但喉部中央的黑纹较为细窄，不似松雀鹰那样宽而粗。甘肃分布于文县。

赤腹鹰

Accipiter soloensis

鹰形目鹰科的国家Ⅱ级重点保护动物。翅膀尖而长，因外形像鸽子，所以也叫"鸽子鹰"。头部至背部为蓝灰色，翅膀和尾羽灰褐色，外侧尾羽具不明显黑色横斑；下体白，胸及两胁略沾粉色，两胁具浅灰色横纹。成鸟翼下特征为除初级飞羽羽端黑色外，几乎全白。甘肃分布在文县。

黑冠鹃隼

Aviceda leuphotes

鹰形目鹰科的国家Ⅱ级重点保护动物。头顶具有长而垂直竖立的蓝黑色冠羽。嘴和腿均为铅色。头部、颈部、背部、尾都呈黑褐色，具有蓝色的金属光泽。翅膀和肩部具有白斑，喉部和颈部为黑色，上胸具有一个宽阔的星月形白斑，下胸和腹侧具有宽的白色和栗色横斑。甘肃仅平凉崆峒区有分布记录。

鹗

Pandion haliaetus

鹰形目鹗科的国家Ⅱ级重点保护动物。头部白色，头顶具有黑褐色的纵纹，枕部的羽毛形成一个短的羽冠。头的侧面有一条宽阔的黑带。背部暗褐色略具紫色光泽。腹部白色，翅膀下有暗色纵纹。甘肃分布于武都、两当、徽县、文县、高台、肃州、金塔、民勤、兰州等地。

红角鸮

Otus sunia

鸮形目鸱鸮科的国家Ⅱ级重点保护动物。全身棕栗色，面盘灰褐色，翅膀黑褐色，尾羽灰褐，尾下覆羽白色。嘴暗绿色，前端近黄色。爪灰褐色。甘肃分布于陇南、天水、庆阳、天水、平凉、定西、白银。

灰林鸮

Strix aluco

鸮形目鸱鸮科的国家Ⅱ级重点保护动物。无耳羽簇，橙棕色的面盘比较明显，前额黑褐色，头顶和后颈黑色，羽缘具大的橙棕色斑；眼先及眉纹白色，翅上有显著的棕白色翅斑。腹部白色，胸部具细密条纹。甘肃分布于陇南和天水。

领角鸮

Otus lettia

鸮形目鸱鸮科的国家Ⅱ级重点保护动物。外形和红角鸮非常相似，但它后颈基部有一显著的翎领。背部通常为灰褐色并杂有暗色虫蠹状斑；腹部白色或缀有淡褐色波状横斑，前额和眉纹皮黄白色或灰白色。甘肃分布于临夏、天水、陇南。

鹰鸮

Ninox scutulata

鸮形目鸱鸮科的国家 Ⅱ 级重点保护动物。外形似鹰，眼大，无明显的脸盘和领翎。嘴坚强而钩曲，嘴基蜡膜被硬须掩盖。脚强壮有力，第四趾能向后反转，以利攀缘。甘肃分布于武都、两当、徽县、康县、文县。

领鸺鹠

Glaucidium brodiei

鸮形目鸱鸮科的国家Ⅱ级重点保护动物。面盘不显著，无耳羽簇。背部灰褐色具浅橙黄色的横斑，后颈有显著的浅黄色领斑，两侧各有一个黑斑。腹部白色，喉部有一个栗色的斑，两胁还有宽阔的棕褐色纵纹和横斑。甘肃分布于陇南、天水。

斑头鸺鹠

Glaucidium cuculoides

鸮形目鸱鸮科的国家Ⅱ级重点保护动物。鸺鹠类型中个体最大者，面盘不明显，无耳羽簇。甘肃分布于武都、两当、徽县、文县、麦积区、清水、秦安、甘谷、武山、张家川等地。

雕鸮

Bubo bubo

鸮形目鸱鸮科的国家Ⅱ级重点保护动物。淡棕黄色面盘显著。上背棕色，颏和喉白色，胸棕色有较粗的黑色纹。喙坚强而钩曲，嘴基蜡膜为硬须掩盖。耳孔周缘有明显的耳状簇羽。瞳孔橘黄色。甘肃分布于陇南、武威、金昌、张掖、酒泉、天水、平凉、庆阳、白银、临夏、兰州等地。（郭志宏拍摄）

纵纹腹小鸮

Athene noctua

鸮形目鸱鸮科的国家Ⅱ级重点保护动物。体型较小，背部为沙褐色或灰褐色，并散布有白色的斑点。腹部为棕白色而有褐色纵纹。甘肃分布于陇南、甘南、临夏、定西、平凉、庆阳、兰州、白银、武威、金昌、张掖、酒泉、嘉峪关等地。

短耳鸮

Asio flammeus

鸮形目鸱鸮科的国家Ⅱ级重点保护动物。耳羽短小而不外露，眼周黑色，眼先及内侧眉斑白色。甘肃分布于陇南、甘南、临夏、武威、张掖等地。

长耳鸮

Asio otus

鸮形目鸱鸮科的国家Ⅱ级重点保护动物。长耳鸮因长长的直立耳羽而得名，眼内侧和上下缘具黑斑。棕黄色面盘明显；背部棕黄色，有较密的黑褐色羽纹；腹部棕白色，分布有较粗的黑褐色羽纹。腿和爪上被棕黄色羽，眼橙红色。甘肃分布于临夏、庆阳、平凉、定西、兰州、武威等地。

鬼鸮

Aegolius funereus

鸮形目鸱鸮科的国家Ⅱ级重点保护动物。与长耳鸮和短耳鸮的区别是没有耳羽簇。额、头顶及枕部褐色，有白色椭圆斑；面盘显著，白色，眼先和眉纹也是白色，眼前有一小块黑斑。胸以下为白色，有褐色纵斑。甘肃分布于临夏、武威、金昌、张掖、酒泉、嘉峪关等地。

黑啄木鸟

Dryocopus martius

啄木鸟目啄木鸟科的国家Ⅱ级重点保护动物。啄木鸟中最大的一种。全身几乎纯黑色；雄鸟额、头顶和枕全为血红色；雌鸟仅后头有血红色。甘肃分布于卓尼、迭部、天祝。

黄爪隼

Falco naumanni

隼形目隼科的国家Ⅱ级重点保护动物。雄鸟头、颈和翅铅灰色，尾淡蓝色末端有黑色次端斑和近白色端斑。雌鸟眼上有一条白色眉纹；背部和翅淡栗色，有9～10道黑色横斑。甘肃分布于庆阳、平凉、天水、武威。

079

红隼

Falco tinnunculus

隼形目隼科的国家Ⅱ级重点保护动物。眼下有一条垂直向下的黑色口角髭纹。雄鸟头蓝灰色，背和翅上覆羽砖红色，具三角形黑斑；腰、尾上覆羽和尾羽蓝灰色；喉部棕白色，其余腹部棕黄色，具黑褐色纵纹和斑点。雌鸟背部棕红色，具黑褐色纵纹和横斑。甘肃分布于陇南、天水、定西、兰州、白银、武威、酒泉。

红脚隼

Falco amurensis

隼形目隼科的国家Ⅱ级重点保护动物。雄鸟背部大都为石板黑色；喉部、胸腹部淡石板灰色，胸具黑褐色羽干纹；肛周、尾下覆羽、覆腿羽棕红色，脚橙红色。甘肃分布于陇南、甘南、兰州、白银。

灰背隼

Falco columbarius

隼形目隼科的国家Ⅱ级重点保护动物。后颈为蓝灰色，有一个棕褐色的领圈，尾羽上具有宽阔的黑色亚端斑和较窄的白色端斑。成年雄性背部呈现蓝色，并杂有黑斑，是其独有的特点。甘肃分布于陇南、甘南、白银、民勤。

燕隼

Falco subbuteo

隼形目隼科的国家Ⅱ级重点保护动物。上体深蓝褐色，有一条细的白色眉纹，颊部有一个垂直向下的黑色髭纹；下体白色，具暗色纵纹。腿羽淡红色。甘肃分布于天水、庆阳、平凉、榆中、武威、肃南、酒泉等地。

游隼

Falco peregrinus

隼形目隼科的国家Ⅱ级重点保护动物。翅长而尖，眼周黄色，脸部有一粗的垂直向下的黑色髭纹，尾具数条黑色横带。腹部白色，上胸有黑色细斑点，下胸至尾下覆羽密被黑色横斑。甘肃分布于陇南、天水、康乐、平凉、定西、临夏、民勤等地。

蒙古百灵

Melanocorypha mongolica

雀形目百灵科的国家Ⅱ级重点保护动物。背部黄褐色，头顶周围栗色，中央浅棕色，腹部白色，胸部具有不连接的宽阔横带，两条长而显著的白色眉纹头后部相接。初级飞羽黑褐色，具白色翅斑。甘肃分布于榆中、皋兰、白银、靖远、民勤。（廖继承拍摄）

云雀

Alauda arvensis

雀形目百灵科的国家Ⅱ级重点保护动物。后脑勺具羽冠，背部花褐色和浅黄色，胸腹部白色至深棕色。外尾羽白色，尾巴棕色。求偶炫耀飞行复杂，能悬停于空中。甘肃分布于甘南、庆阳、定西、兰州、白银、武威、金昌、张掖、酒泉。

红胁绣眼鸟

Zosterops erythropleurus

雀形目绣眼鸟科的国家Ⅱ级重点保护动物。背部黄绿色，脸和耳羽黄绿色；眼周具一圈绒状白色短羽；眼先黑色；眼下方有一黑色细纹；两胁呈显著的栗红色。甘肃分布于陇南和天水。

黑尾地鸦

Podoces hendersoni

雀形目鸦科的国家Ⅱ级重点保护动物。全身淡沙褐色。额、头顶至后颈黑色具紫蓝色光泽。翅前半部分和背部褐色，后部蓝黑色。尾黑色具蓝色光泽，外侧尾羽具窄的沙色羽缘。嘴长而弯曲、黑色，脚为黑色。甘肃分布于肃州、玉门、敦煌、瓜州、阿克塞等地。

蓝翅八色鸫

Pitta moluccensis

雀形目八色鸫科的国家Ⅱ级重点保护动物。身体具有红、绿、蓝、白、黑、黄、褐、栗等艳丽的色彩，是很有观赏价值的鸟类。头部深栗褐色，头顶有一黑色冠纹，眼先、颊、耳羽和颈侧都是黑色，并与冠纹在后颈处相连，形成领斑状。背部为亮油绿色，翅膀、腰部和尾羽为亮粉蓝色。前腹淡茶黄色，腹部中后部猩红色。甘肃仅夏河有分布记录。

083

红腹山雀

Parus davidi

雀形目山雀科的国家Ⅱ级重点保护动物。额、头顶至后颈黑色，眼先、脸颊至颈侧白色，在头部两侧形成一大块白斑，喉和上胸黑色，其余腹部棕栗色。甘肃分布于文县。（图片下载自360百科）

白眉山雀

Parus superciliosus

中国特有鸟类，雀形目山雀科的国家Ⅱ级重点保护动物。白色眉纹明显，头顶及胸兜黑色；头侧及腹部黄褐；臀皮黄色；上体深灰沾橄榄色。甘肃分布于永登、景泰、古浪、天祝、山丹、肃南、碌曲、敦煌、阿克塞。

三趾鸦雀

Cholornis paradoxus

中国的特有鸟类，雀形目莺鹛科的国家Ⅱ级重点保护动物。白色眼圈明显，颏、眼先及宽眉纹深褐色。初级飞羽羽缘近白，合拢时成浅色斑块。嘴橙黄，脚褐色。三趾鸦雀只有三趾，有一个趾退化，故由此得名。甘肃分布于舟曲、迭部、文县。

白眶鸦雀

Sinosuthora conspicillata

中国特有鸟类，雀形目莺鹛科的国家 II 级重点保护动物。最明显的特征是有白色眼圈。头顶和背的前半部分栗褐色。腹部粉褐，喉具模糊的纵纹。甘肃分布于康县、天水市区、迭部、玛曲、榆中。

宝兴鹛雀

Moupinia poecilotis

中国特有鸟类，雀形目莺鹛科的国家 II 级重点保护动物。背部棕褐色，眉纹近灰色。喉白，胸中心皮黄；两胁及臀黄褐，翅膀和尾栗褐色，尾巴较长且向内凹。甘肃分布于武都和文县。

金胸雀鹛

Lioparus chrysotis

雀形目莺鹛科的国家 II 级重点保护动物。一种色彩鲜艳的小鸟。腹部黄色，喉部色深，头偏黑，头上有一白色的顶纹延伸至上背，耳羽灰白。腹部橄榄灰色。翅膀和尾上羽毛有黑色有黄色。甘肃分布于武都、两当、徽县、文县。（曾开心拍摄）

红喉歌鸲

Calliope calliope

雀形目鹟科的国家Ⅱ级重点保护动物。雄鸟头部、上体主要为橄榄褐色。眉纹白色。颏部、喉部红色，周围有黑色狭纹。胸部灰色，腹部白色。雌鸟颏部、喉部白色而非赤红色。甘肃分布于卓尼、白银、靖远、天祝、肃州。

蓝喉歌鸲

Luscinia svecica

雀形目鹟科的国家Ⅱ级重点保护动物。头部、背部主要为土褐色。眉纹白色。尾羽黑褐色，基部栗红色。颏部、喉部辉蓝色，下面有黑色横纹。甘肃分布于文县、康乐、兰州、白银、武威、金昌、张掖、酒泉、嘉峪关。

黑喉歌鸲

Calliope obscura

雀形目鹟科的国家Ⅱ级重点保护动物。雄鸟上体暗石板灰色，尾上覆羽亮黑色。眼先、头和颈的两侧，喉和胸深黑色，腹部两侧灰色，中央乳白色，翅膀和中央尾羽黑色，其余尾羽基部白色，端部黑色。雌鸟背部暗橄榄褐色，腹部中央沾染皮黄，其余纯白。甘肃分布于陇南、天水、庆阳、平凉。（郭志宏拍摄）

白喉林鹟

Rhinomyias brunneata

雀形目鹟科的国家Ⅱ级重点保护动物。眼圈皮黄色，翅膀与背同色，第一枚初级飞羽特长，颈近白色而略具深色鳞状斑纹，胸部淡棕灰色，腹部及尾下白色。甘肃仅宕昌有分布记录。

贺兰山红尾鸲

Phoenicurus alaschanicus

中国特有鸟类，雀形目鹟科的国家Ⅱ级重点保护动物。头顶和背部的前部蓝灰色，背后半部分及尾橙褐色，仅中央尾羽褐色，喉和胸橙褐色，腹部浅橘黄色，翅膀褐色具白色块斑。甘肃分布于兰州、白银、靖远、平凉。

大仙鹟

Niltava grandis

雀形目鹟科的国家Ⅱ级重点保护动物。雄鸟上体蓝色，头顶、颈侧条纹、肩块及腰部辉蓝，下体黑色。雌鸟橄榄褐色，头顶蓝灰，颈侧具闪辉浅蓝色块，喉具皮黄色三角形块斑。甘肃仅文县有分布记录。

红交嘴雀

Loxia curvirostra

雀形目燕雀科的国家Ⅱ级重点保护动物。雄鸟通体砖红色，上体背部较暗，腰鲜红色；翅膀和尾近黑色。雌鸟暗橄榄绿或染灰色，腰较淡或鲜绿色；头侧灰色。两性均有粗大而尖端相交叉的嘴。甘肃分布于文县、康乐、临洮、兰州、白银、武威、张掖。

红嘴相思鸟

Leiothrix lutea

雀形目噪鹛科的国家Ⅱ级重点保护动物。嘴赤红色，上体暗灰绿色，眼周淡黄色，耳羽浅灰色或橄榄灰色。两翅具黄色和红色翅斑，尾叉状、黑色，喉黄色，胸橙黄色。甘肃分布于武都、康县、文县。

画眉

Garrulax canorus

雀形目噪鹛科的国家Ⅱ级重点保护动物。全身大部分棕褐色。头顶至上背具黑褐色的纵纹，眼圈白色并向后延伸成狭窄的眉纹。极善鸣叫，声音十分洪亮，歌声悠扬婉转，非常动听，是有名的宠物鸟。甘肃分布于武都、康县、文县、清水、秦安、甘谷、武山、张家川、岷县等地。

斑背噪鹛

Garrulax lunulatus

中国特有鸟类，雀形目噪鹛科的国家Ⅱ级重点保护动物。眼先、颊部及眼周白色形成一宽的白色眼圈，极为醒目；额至头顶、颏部及喉部为栗褐色；胸部和两胁羽毛棕色具由棕色端斑而形成的明显鳞状斑。甘肃分布于陇南、天水、平凉。

大噪鹛

Garrulax maximus

雀形目噪鹛科的国家Ⅱ级重点保护动物。额至头顶黑褐色，背部栗褐色有很多白色斑点，尾特长具白色端斑，腹部棕褐色。甘肃分布于文县、天水、卓尼、碌曲。

眼纹噪鹛

Garrulax ocellatus

雀形目噪鹛科的国家Ⅱ级重点保护动物。头、颈黑色，脸和眉纹茶黄色，背部棕褐色杂以白色、黑色和皮黄色斑点，飞羽具白色端斑，尾具白色端斑和黑色亚端斑。喉黑色，胸棕黄色具黑色横斑。甘肃分布于武都、康县、文县。（吴少斌拍摄）

橙翅噪鹛

Trochalopteron elliotii

雀形目噪鹛科的国家Ⅱ级重点保护动物。头顶沙褐色，背部灰橄榄褐色，翅上飞羽外侧蓝灰色、基部橙黄色，尾羽外侧绿色并具白色端斑。喉、胸棕褐色，其余腹部砖红色。甘肃分布于陇南、甘南、天水、庆阳、平凉、定西、兰州等地。

北朱雀

Carpodacus roseus

雀形目燕雀科的国家Ⅱ级重点保护动物。雄鸟头、下背及胸腹部绯红；头顶色浅，额头粉白色；背部及翅羽深褐，边缘粉白。雌鸟颜色较暗，上背部具褐色纵纹，额和腰粉色，腹部皮黄色具有纵纹，胸沾粉色，臀部白色。甘肃分布于陇南、天水、武威、金昌、张掖、嘉峪关。

细纹苇莺

Acrocephalus sorghophilus

　　雀形目苇莺科的国家Ⅱ级重点保护动物。上体赭褐，顶冠及上背具模糊的纵纹。下体皮黄，喉偏白。脸颊近黄，眉纹皮黄而上具黑色的宽纹。嘴巴上嘴为黑色，下嘴偏黄。脚一般为粉红色。甘肃仅文县有分布记录。

贺兰山岩鹨

Prunella koslowi

雀形目岩鹨科的国家Ⅱ级重点保护动物。上体皮黄褐色而具模糊的深色纵纹，喉灰，下体皮黄。尾及两翼褐色，边缘皮黄色。覆羽羽端白色成浅色点状翼斑。甘肃民勤有分布。

蓝鹀

Emberiza siemsseni

中国特有鸟类，雀形目鹀科的国家Ⅱ级重点保护动物。喙为圆锥形，上下喙边缘不紧密切合而微向内弯。雄鸟身体羽毛蓝灰色，仅腹部、臀部及尾外缘色白；雌鸟大都深棕色至橄榄褐色；雌雄鸟的尾羽仅最外侧一对具白斑。甘肃分布于天水市各县。

朱鹀

Urocynchramus pylzowi

中国特有鸟类，雀形目朱鹀科的国家Ⅱ级重点保护动物。头顶及背部几乎纯沙褐色；眉纹、眼先、颊以及颏、喉、胸呈淡玫瑰红色;腹部浅淡；尾羽长，呈凹形，外侧尾羽粉色。嘴细尖，上嘴缘近基部处膨胀。甘肃分布于碌曲、玛曲、天祝、肃南等地。（钟宏英拍摄）

❖❖❖ 两栖类和爬行类 ❖❖❖

伊犁沙虎

Teratoscincus scincus

有鳞目壁虎科的国家Ⅱ级重点保护动物。全身都遍布浅黄色鳞片，腹部和四肢内侧则多呈现白色，背部长有大片的条状褐色斑纹，虽不规则但能够看到四条比较明显的纵向纹路，其中零星泛着橙黄色；头部则大多是鲜艳的不规则黄色条纹。甘肃分布于肃南、肃州、玉门、敦煌、金塔、瓜州、肃北、阿克塞、嘉峪关等地。（图片下载自360百科）

红沙蟒

Eryx miliaris

有鳞目蟒科的国家Ⅱ级重点保护动物。比较原始的小到中等大小的无毒蛇类，全长一般不超过1米，体背面淡褐色和砖红色，具黑褐色横斑。腹面灰白色。头颈无明显区分，头背被覆细小鳞片，吻鳞以及唇鳞上没有唇窝。躯干圆柱形，尾短，是荒漠生境内的优势蛇种能在沙下自由移动。甘肃分布于凉州、甘州、临泽、肃州、敦煌、金塔、阿克塞等地。

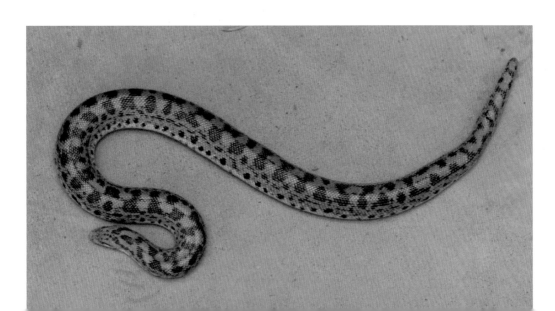

乌龟

Mauremys reevesii

爬行纲龟鳖目地龟科中的国家Ⅱ级重点保护动物。头小，不及背甲宽的四分之一，头顶前部平滑，后部皮肤具细粒状鳞；嘴端向内侧下斜切。背甲较平扁，具3条纵棱，四肢略扁平，指、趾间均具蹼，具爪。尾较短小。背甲棕褐色，腹甲及甲桥棕黄色，每一盾片均有黑褐色大斑。头部橄榄色或黑褐色；头侧及咽部有暗色镶边的黄纹及黄斑，并向后延伸至颈部。雄性个体几乎整个呈黑色，雌龟背甲棕褐色。甘肃分布于徽县、文县、天水。

大鲵

Andrias davidianus

　　两栖纲有尾目隐鳃鲵科的国家Ⅱ级重点保护动物。因叫声像婴儿，又叫"娃娃鱼"。头扁平而宽阔，躯干粗壮扁平，颈褶明显。四肢粗短，指、趾扁平。尾基部略呈柱状，向后逐渐侧扁。身体以棕褐色为主，背腹面有不规则的黑色或深褐色的各种斑纹。甘肃分布于武都、两当、徽县、康县、文县、天水市区、舟曲、凉州等地。

西藏山溪鲵

Batrachuperus tibetanus

　　两栖纲有尾目小鲵科的国家Ⅱ级重点保护动物。外形像只大壁虎。体背部深灰色，腹面色略浅。躯干浑圆或略扁平，皮肤光滑，肋沟一般有12条；头部较扁平，唇褶发达，尾粗壮，圆柱形，向后逐渐侧扁。甘肃分布于陇南、甘南、临夏等地。（图片由甘肃多儿国家级自然保护区提供）

细痣疣螈

Tylototriton asperrimus

　　两栖纲有尾目蝾螈科的国家Ⅱ级重点保护动物。皮肤粗糙，有大的疣粒。头部扁平，宽度大于长度，躯干略扁，尾鳍末端钝尖。吻部为梯形，吻端平。四肢细长，指、趾较为扁平，末端钝圆。尾短于头和身体的长度，尾很侧扁，尾肌不发达。甘肃仅文县有分布。（图片下载自360图片库）

文县疣螈

Tylototriton wenxianensis

　　两栖纲有尾目蝾螈科的国家Ⅱ级重点保护动物。俗称"山娃娃鱼"，是中国特有珍稀两栖生物。头部扁平，头长宽几相等，吻端平直，鼻孔近吻端，皮肤很粗糙，头背面两侧脊棱显著，全身满布大小较为一致的疣粒，体两侧的瘰疣较为密集。甘肃分布于甘肃文县。（滕继荣提供）

❖❖❖ 鱼 类 ❖❖❖

北方铜鱼

Coreius septentrionalis

我国特有物种，鲤形目鲤科的国家Ⅰ级重点保护动物。口下位，马蹄形；须1对，粗长，末端超过前鳃盖骨的后缘。身体轻灰略带黄色，体

侧具青紫色斑，腹部银白色略带黄。胸、腹、尾鳍基部具有不规则排列的小鳞片，背鳍灰黑色位于体中央的前部、胸鳍宽长但不到腹鳍基部，其它鳍灰黄色。仅分布于黄河水系，甘肃分布于兰州一带的中上游河段。（图片下载自百度图片库）

大鼻吻鮈

Rhinogobio nasutus

鲤形日鲤科的国家Ⅱ级重点保护动物。头长，呈锥形。体长，呈圆筒状，后部侧扁，腹部圆。底栖性鱼类，喜欢在流水中活动，分布于黄河中上游水系。甘肃分布于武都、东乡、皋兰、永登、白银、会宁、古浪等地。

极边扁咽齿鱼

Platypharodon extremus

中国特有物种，鲤形目鲤科的国家Ⅱ级重点保护动物。俗称"小嘴巴鱼""草地鱼"等。身体侧扁，体背隆起，腹部平坦。头锥形，吻钝圆。口下位，上唇宽厚，下唇细狭；无须。体裸露无鳞，侧线鳞不明显，仅具臀鳞。身体背侧黄褐色或青褐色，腹部浅黄或灰白色。腹、臀鳍浅黄色，背、尾鳍青灰色。常栖息于缓静淡水中下层。黄河上游主要土著经济鱼类之一，在甘肃分布于甘南和定西的洮河流域。

四川白甲鱼

Onychostoma angustistomata

鲤形目鲤科的国家Ⅱ级重点保护动物。体长，侧扁，尾柄细长，腹部圆。背鳍硬刺后缘具锯齿，末端柔软，背鳍外缘呈凹形。背部青灰色，腹部微黄，背鳍上有黑色斑纹，尾鳍下叶鲜红。主要分布于长江上游干支流。甘肃分布于武都、天水。（图片下载自百度百科）

多鳞白甲鱼

Onychostoma macrolepis

鲤形目鲤科的国家Ⅱ级重点保护动物。中国"五大名鱼"之一。俗称"钱鱼""梢白甲""赤鳞鱼"等。体背黑褐色，腹部灰白。体侧每个鳞片的基部具有新月形黑斑，背鳍和尾鳍灰黑色，其他各鳍灰黄色，外缘金黄色，背鳍和臀鳍都有一条橘红色斑纹。被列入《世界自然保护联盟濒危物种红色名录》《中国生物多样性红色名录·脊椎动物卷》。甘肃分布于武都、两当、西和、宕昌、天水等地。（图片引自蔡文仙主编的《黄河流域鱼类图志》）

重口裂腹鱼

Schizothorax davidi

鲤形目鲤科的国家Ⅱ级重点保护动物。身体上部青灰色，腹部银白，在部分较小的个体中上部出现有黑色细斑，尾鳍淡红色。在生殖期间，雄鱼头部出现白色的珠星。长江上游各支流水系中重要的经济鱼类。甘肃分布于武都、两当、礼县、天水市区、临潭、碌曲。（图片下载自百度百科）

骨唇黄河鱼

Chuanchia labiosa

鲤形目鲤科的国家Ⅱ级重点保护动物。中国的特有物种。俗称小花鱼、大嘴鳇鱼等。身体延长，稍侧扁，头锥形，吻突出，口下位，无须。尾鳍叉形。已被列入《中国濒危动物红皮书》和《中国物种红色名录》。仅分布于黄河上游。甘肃分布于陇南、甘南、临夏。

拟鲇高原鳅

Triplophysa siluroides

鲤形目条鳅科的国家Ⅱ级重点保护动物。俗称"狗鱼""土鲇鱼"。体背侧黄褐色，腹部浅黄，体背及体侧具黑褐色的圈纹和云斑，各鳍均具斑点。分布于黄河上游干流水系，栖息于河流和湖泊多砾石处。甘肃临夏有分布。

长薄鳅

Leptobotia elongata

中国特有物种，鲤形目鳅科的国家Ⅱ级重点保护动物。俗称"薄花鳅""红沙鳅钻"等。体长，侧扁，尾柄高而粗壮。头部背面具有不规则的深褐色花纹，头部侧面及鳃盖部位为黄褐色，身体浅灰褐色。较小个体有6～7条很宽的深褐色横纹，大个体则呈不规则的斑纹。腹部为淡黄褐色。甘肃分布于武都、两当、礼县、秦安。（图片下载自百度百科）

红唇薄鳅

Leptobotia rubrilabris

鲤形目鳅科的国家Ⅱ级重点保护动物。身体基色为棕黄色带褐色，腹部黄白色。背部有6～8个不规则的棕黑色横斑，略呈马鞍形。甘肃分布于武都和天水市区。（图片引自蔡文仙主编的《黄河流域鱼类图志》）

秦岭细鳞鲑

Brachymystax lenok

　　我国特有物种，鲑形目鲑科中的国家Ⅱ级重点保护动物。身体背部暗褐色，体侧至腹部渐呈白色，体背及两侧散布有长椭圆形黑斑，斑缘为淡红色环纹，沿背鳍基及脂鳍上各具4～5个圆黑斑。口端位，下颌较上颌略短，上下颌、犁骨和腭骨各有1行尖齿。鳞细小，侧线完全、平直。背鳍短，外缘微凹；脂鳍与臀鳍相对，鳍基部具1长腋鳞；尾鳍叉状。由于自然和人为因素的影响，其生存环境日趋恶化，产卵场所遭到破坏，种群数量日益缩小，野生种群已濒临枯竭边缘。甘肃分布于秦安、甘谷、张家川、合作市、舟曲、静宁、安定、岷县、临洮等地。

（二）昆虫多样性

昆虫种类繁多、形态各异、多姿多彩，其中许多种类是我们熟识的：风和日丽之时，可见"蜻蜓点水"繁育后代；大雨将至，可见蚂蚁搬家盛况；鲜花丛中，蜂飞蝶舞；土穴石缝，蟋蟀独鸣；坐观蜉蝣朝生，哪管暮间将死的"朝生暮死"的蜉蝣；静看螳螂捕蝉，谁知黄雀在后？田间路边草原上，可以看到不知疲倦、劳作不休的"清道夫"蜣螂推粪，静坐灯下抬头可见勇敢地撞向光源的飞蛾，可惜"飞蛾扑火"的场景在城市难得一见；毛虫羽化成蝶、春蚕作茧自缚、无所不在永远消灭不掉的"小强"——蜚蠊目的蟑螂；即使令人讨厌的虱目的体虱和蚤目的人蚤，在现代社会也难睹尊容。其实，不管你喜欢与否，它们都在我们的生活中占有一席之地，我们要做的则是找到与它们的共存之道。

我国已记录的昆虫种类达13万种之多，甘肃分布的昆虫种类也十分丰富，代表种有排世界八大名贵蝴蝶之首，有"梦幻蝴蝶"和"世界动物活化石"美誉的金斑喙凤蝶，金斑喙凤蝶也是我国唯一一种国家Ⅰ级重点保护蝴蝶、被誉为"国蝶"。此外还有君主绢碟、阿波罗绢碟、格彩臂金龟、戴叉犀金龟、安达刀锹甲等国家Ⅱ级重点保护昆虫。

金斑喙凤蝶

Teinopalpus aureus

鳞翅目凤蝶科的国家Ⅰ级重点保护动物。中国的特有珍品，被誉为"国蝶"，是中国唯一的蝶类国家Ⅰ级保护动物，排世界八大名贵蝴蝶之首，又有"梦幻蝴蝶"和"世界动物活化石"之美誉。前翅上有一条弧形金绿色的斑带，后翅中央有几块金黄色的斑块，后缘有月牙形的金黄色的斑，后翅的尾状突出细长，末端一小截金黄色，因色彩艳丽被称为"蝶中皇后"。甘肃仅陇南有分布。

三尾凤蝶

Bhutanitis thaidina

中国特有种，鳞翅目凤蝶科的国家Ⅱ级重点保护动物。后翅具尾状突起3个，故由此得名。前翅翅表由8条自前缘至内缘的横线划为9个青铜黑色宽横带区。后翅长，外缘呈扇形。前翅翅表的浅黑色宽带呈条纹和点纹伸至后翅翅表；翅表端部有一大红斑、4个橙黄色月形斑及3个浅蓝色盘域中点。后翅有许多黄色宽线和小淡黄色斑。甘肃分布于陇南。

君主绢蝶

Parnassius imperator

中国特有种，鳞翅目绢蝶科的国家Ⅱ级重点保护动物。翅糙白色，半透明，前翅中部有3个黑斑，近后缘处的一个色较淡。后翅内缘黑色，中部有两个围着黑圈的红斑，红斑中各有一个白点，三条翅脉间近外缘处有两个圆形黑斑，斑中缀有蓝色斑点。甘肃分布于甘南、临夏、兰州、武威等地。

阿波罗绢碟

Parnassius apollo

鳞翅目绢蝶科的国家Ⅱ级重点保护动物。前翅较圆，白色，翅表有许多黑点、灰白斑及无鳞透明区，但后翅通常有显著的鲜红色斑点。触角主干灰白色，有浅黑色环带。在河西走廊海拔较高处有分布。（张立勋拍摄）

格彩臂金龟

Cheirotonus gestroi

鞘翅目臂彩金龟科的国家Ⅱ级重点保护动物。一种大型甲虫，体长椭圆形，前胸背板古铜色泛绿紫光泽，黑褐色翅上有许多不规则黄褐色斑点，其余体表为金紫色。前足十分延长，胫节弯曲，中段有短壮齿突1枚，末端内侧延长为细长指状突。雄虫前足长度超过身体总长，这是臂金龟的主要特征和名称的由来。甘肃武都有分布。（图片由大熊猫国家公园白水江片区裕河分局提供）

安达刀锹甲

Dorcus antaeus

鞘翅目锹甲科的国家Ⅱ级重点保护
动物。体型大而威猛，身体较宽厚，体
色黑色多光泽。雄虫大颚粗壮而弯曲，
端部较直，具有较大的内齿；前足前端
外侧有较多的刺状突起。甘肃现已知仅
分布于文县。（王洪建拍摄）

戴叉犀金龟

Trypoxylus davidis

鞘翅目金龟子科的国家Ⅱ级重点保护动物。体型长卵圆，体色深棕
褐至黑褐，光泽较暗。头较小，雄虫有额角，端部深分叉为2支，角柄近
中部两侧各横生一棘突；雌虫无额角，额部微凹。雄虫前胸背板中央有
一前倾前胸背角。鞘翅光洁。胸下密被绒毛。甘肃仅武都有分布记录。
（图片引自王洪建主编《甘肃珍稀昆虫》）

三、甘肃植被和植物物种多样性

甘肃复杂多样的自然条件和地形地貌，使得甘肃境内植物资源相当丰富，迄今新的记录物种仍在不断发表和增加。目前已记录、定名的野生植物有6500余种，其中维管植物近5200种。

甘肃植被类型多样，共有针叶林、阔叶林、草原、荒漠、灌丛、草甸、沼泽、水生植被、人工植被等不同类型。甘肃境内植被的地带性水平分布自南向北依次为：陇南山地南部的常绿阔叶、落叶阔叶林带，黄土高原南部的森林草原带，中部的干旱草原带，北部半干旱、干旱荒漠草原带，河西走廊为干旱荒漠草原和荒漠带，甘南高原以山地草原为主。

（一）植被多样性

甘肃省植被生态系统类型共有10个植被型组、32个植被型、49个植被亚型和252个群系。

1 针叶林植被型组

针叶林植被型组可以划分为寒温带针叶林、温带针叶林、暖温带针叶林和亚热带针叶林共4个植被型，代表如青海云杉群系。

海青海云杉群系

2 阔叶林植被型组

甘肃省分布的阔叶林植被型组可以划分为温带阔叶林、暖温带阔叶林和竹林3种植被型，其下又可划分为山杨群系、沙枣群系、枫杨群系、珙桐群系、红桦群系等43个群系。

红桦群系

3 草原植被型组

甘肃省分布的草原植被型组可以划分为温带草甸草原、温带典型草原、温带荒漠草原和高寒草原共4个植被型和白羊草、赖草、羊茅、垂穗披碱草、西北针茅等41个群系。

西北针茅群系

4 荒漠植被型组

甘肃省分布的荒漠植被型组只有一个植被型，即温带荒漠植被型，可以细分为梭梭、霸王、合头草、沙冬青和柠条锦鸡儿等26个群系。

梭梭群系

5 灌丛植被型组

甘肃省分布的灌丛植被型组可分为温带灌丛、暖温带灌丛、高寒灌丛、高山落叶阔叶灌丛和山地和河谷灌丛等5个植被型，群系有银露梅群系、沙棘群系、黄蔷薇群系、胡枝子群系和多枝怪柳群系等46个群系。

银露梅群系

6 高山稀疏植被型组

甘肃省高山稀疏植被型组共有高山垫状植被型和高山流石滩植被型等2个植被型，又可分为甘肃雪灵芝群系、垫状点地梅群系、垫状驼绒藜群系、水母雪兔子群系和红景天群系等5个群系。

红景天群系

7 草甸植被型组

甘肃省分布的草甸植被型组可以划分为森林草甸、洼地草甸、沼泽化草甸、盐化草甸、高寒草甸和亚高山杂类草草甸6个植被型，和狗牙根群系、碱茅群系、黑果枸杞群系、珠芽蓼群系等共计42个群系。

珠珠芽蓼群系

8 沼泽植被型组

甘肃省分布的沼泽植被型组可以划分为莎草沼泽、禾草沼泽和杂类草沼泽等3大植被亚型，其群系有苔草、灯心草群系、香蒲群系、芦苇群系、水麦冬群系等共计13个群系。

芦苇群系

9 盐沼植被型组

　　甘肃省的盐沼植被型组可分为莎草沼泽、禾草沼泽和杂类草沼泽等3个植被型，主要群系有多枝柽柳群系、盐穗木群系、尖叶盐爪爪群系、黑果枸杞群系、盐角草群系和盐节木群系等8个群系。

盐角草群系

10 水生植被型组

水生植被型组主要分布于甘肃省的南部和河西走廊、祁连山一带，其含群系数量比较多的有临泽县、甘州区、高台县。

眼子菜群系

（二）植物物种多样性

甘肃省植物种类丰富，全省共有野生维管植物近5200种，中国特有植物2200余种，珍稀濒危植物247种，国家保护植物110种。

1 甘肃分布的中国特有植物

甘肃省分布有中国特有植物2200余种，其中文县最多达1148种，其次为迭部的956种和武都的942种。如青海云杉（*Picea crassifolia*）：祁连山脉的主要建群树种，复杂的青海云杉林群落奠定了它作为祁连山涵养水源"神器"的基础。据调查，祁连山青海云杉林地涵养水源为1.78亿吨，是当之无愧的天然绿色水库。

星叶草（Circaeaster agrestis）：是一种古老独特的原始花被类植物。星叶草整体上如一把平顶小雨伞，伞杆半透明，棕红色。叶脉与裸子植物银杏相似，为开放式的二叉状分枝脉序，这是星叶草区别于毛茛科其他属植物的一大特点，正因如此，植物学家已经把星叶草从毛茛科中分出，另立为星叶草科。因此，保护好星叶草，对进一步研究被子植物系统演化具有一定的科学价值。

2 甘肃分布的国家重点保护植物

甘肃省分布的植物中有110种被列入2021年9月公布的《国家重点保护野生植物名录》，其中国家I级保护植物有6种，分别为珙桐、红豆杉、南方红豆杉、西藏红豆杉、紫斑牡丹、银杏；国家II级保护植物有104种，如桃儿七、唐古红景天、甘草等，它们也是常用药材。

根据《中国物种红色名录》（第一卷），甘肃省受威胁的植物有247种，分布特点是：东南部的陇南、天水是受威胁植物的主要分布区，其种类接近甘肃省分布总数的近60%，如红豆杉、南方红豆杉、紫斑牡丹、珙桐、天麻等；西南部的甘南草原及祁连山区，分布有冬虫夏草、桃儿七、八角莲、羌活、甘肃贝母等；中东部黄土高原地区，分布有黄芪等；西部河西走廊为荒漠地带，分布珍稀濒危药用植物主要有甘草、肉苁蓉等。

❖❖❖ 国家 I 级重点保护植物 ❖❖❖

藻类 Algae

中 文 名：发菜

学　　名：*Nostoc flagelliforme*

分类地位：念珠藻科念珠藻属

分布区域：武威、张掖、酒泉、嘉峪关

形态特征：藻体毛发状，平直或弯曲，棕色，干后呈棕黑色；许多藻体绕结成团，吸水后黏滑带弹性。

裸子植物 Gymnosperms

中 文 名：红豆杉

学　　名：*Taxus wallichiana var. chinensis*

分类地位：红豆杉科红豆杉属

分布区域：文县

形态特征：乔木；高达30米，胸径达60～100厘米；树皮灰褐色，裂成条片脱落；一年生枝绿色或淡黄绿色，秋季变成绿黄色或淡红褐色；叶条形，淡黄绿色。雄球花淡黄色，种子常呈卵圆形，上部渐窄，很少倒卵状。

裸子植物 Gymnosperms

中 文 名：西藏红豆杉

学　　名：*Taxus wallichiana*

分类地位：红豆杉科红豆杉属

分布区域：文县

形态特征：乔木或大灌木；冬芽卵圆形，基部芽鳞的背部具脊，先端急尖。叶条形，较密地排列成彼此重叠的不规则两列，上面光绿色；种子生于红色肉质杯状的假种皮中，柱状矩圆形。

裸子植物 Gymnosperms

中 文 名：南方红豆杉

学　　名：*Taxus wallichiana var. mairei*

分类地位：红豆杉科红豆杉属

分布区域：文县

形态特征：乔木，高达30米，胸径达60～100厘米；树皮灰褐色；一年生枝绿色或淡黄绿色，秋季变成绿黄色；叶排列成两列，条形，微弯或较直，上面深绿色，有光泽，下面淡黄绿色；种子生于杯状红色肉质的假种皮中，常呈卵圆形。

裸子植物 Gymnosperms

中 文 名：银杏

学　　名：*Ginkgo biloba*

分布区域：陇南

形态特征：叶互生，在长枝上辐射状散生，在短枝上3～5枚成簇生状，有细长的叶柄，扇形，两面淡绿色，无毛，有多数叉状并列细脉，在宽阔的顶缘多少具缺刻或2裂。球果具长梗，下垂，常为椭圆形、长倒卵形、卵圆形或近圆球形，白色。

被子植物 Gymnosperms

中 文 名：珙桐

学　　名：*Davidia involucrate*

分类地位：蓝果树科珙桐属

分布区域：文县、康县、武都

形态特征：高大落叶乔木；树皮深灰色或深褐色。幼枝圆柱形，当年生枝紫绿色，无毛，多年生枝深褐色或深灰色；冬芽锥形，具4～5对卵形鳞片，常成覆瓦状排列。

被子植物 Angiosperms

中 文 名：紫斑牡丹

学　　名：*Paeonia rockii*

分类地位：芍药科 芍药属

分布区域：甘南、定西、陇南、庆阳、天水

形态特征：落叶灌木；茎高达2米，分枝短而粗；叶为二至三回羽状复叶，小叶不分裂；花单生枝顶，直径10～17厘米，花瓣5枚。

❖❖❖ 国家Ⅱ级重点保护植物 ❖❖❖

苔藓植物 Bryophytes

中 文 名：桧叶白发藓

学　　名：*Leucobryum juniperoideum*

分类地位：白发藓科白发藓属

分布区域：文县

形态特征：植物体浅绿色，密集丛生，高达3厘米。茎单一或分枝。叶群集，干时紧贴，湿时直立展出或略弯曲，长5～8毫米，基部卵圆形，内凹，上部渐狭，呈披针形或近筒状，先端兜形或具细尖头；中肋平滑，无色细胞背面2～4层，腹面1～2层。上部叶细胞2～3行，线形，基部叶细胞5～10行，长方形或近方形。（袁华柄拍摄）

蕨类植物 Ferns

中 文 名：锡金石杉

学　　名：*Huperzia herteriana*

分类地位：石松科石杉属

分布区域：文县

形态特征：多年生土生植物。茎直立或斜生，中部直径约 1.5～2.5 毫米，枝连叶宽 1.0～1.5 厘米，2～4 回二叉分枝，枝上部有芽孢。叶密生，反折。（朱鑫文拍摄）

蕨类植物 Ferns

中 文 名：小杉兰

学　　名：*Huperzia selago*

分类地位：石松科石杉属

分布区域：舟曲

形态特征：茎直立或斜生，二歧分枝。叶片螺旋状着生、线状披针形，分枝上部叶腋常生有芽苞。无明显的孢子囊穗；孢子囊着生于茎中部以上的叶腋。（林秦文拍摄）

裸子植物 Gymnosperms

中 文 名：岷江柏木

学　　名：*Cupressus chengiana*

分类地位：柏科柏木属

分布区域：武都、舟曲

形态特征：乔木；高达30米，胸径1米；枝叶浓密，生鳞叶的小枝斜展，圆柱形。

裸子植物 Gymnosperms

中 文 名：白豆杉

学　　名：*Pseudotaxus chienii*

分类地位：红豆杉科白豆杉属

分布区域：康县

形态特征：灌木；高达4米；树皮灰褐色；小枝圆，近平滑。叶条形，下面有两条白色气孔带。种子卵圆形，成熟时肉质杯状假种皮白色。（王军峰拍摄）

裸子植物 Gymnosperms

中 文 名：穗花杉

学　　名：*Amentotaxus argotaenia*

分类地位：红豆杉科穗花杉属

分布区域：文县

形态特征：灌木或小乔木；高达7米，树皮灰褐色或淡红褐色，裂成片状脱落。叶基部扭转列成两列，条状披针形，直或微弯镰状。雄球花穗1～3（多为2）穗。种子椭圆形，成熟时假种皮鲜红色。（李晓东拍摄）

裸子植物 Gymnosperms

中 文 名：巴山榧树

学　　名：*Torreya fargesii*

分类地位：红豆杉科榧树属

分布区域：徽县、两当、武都

形态特征：乔木；高达12米；树皮深灰色；一年生枝绿色。叶条形，稀条状披针形，通常直。种子卵圆形、圆球形或宽椭圆形，肉质假种皮微被白粉。

裸子植物 Gymnosperms

中　文　名：秦岭冷杉

学　　　名：*Abies chensiensis*

分类地位：松科冷杉属

分布区域：甘南、陇南、定西

形态特征：中国特有种。乔木；高达50米；一年生枝淡黄灰色、淡黄色，有树脂。叶在枝上列成两列或近两列状，条形，球果圆柱形。

裸子植物 Gymnosperms

中　文　名：大果青扦

学　　　名：*Picea neoveitchii*

分类地位：松科云杉属

分布区域：白龙江流域、甘南、兰州、定西、陇南

形态特征：高大乔木；胸径50厘米；树皮灰色；一年生枝较粗，淡黄色。小枝上叶向上，两侧及下叶向上弯伸。球果矩圆状圆柱形。

裸子植物 Gymnosperms

中 文 名：斑子麻黄

学　　名：*Ephedra rhytidosperma*

分类地位：麻黄科麻黄属

分布区域：靖远、民勤

形态特征：矮小灌木；近垫状，高5～15厘米，根与茎高度木质化，具短硬多瘤节的木质枝，在节上密集、假轮生呈辐射状排列，节间细短，纵槽纹浅或较明显。

被子植物 Angiosperms

中 文 名：马蹄香

学　　名：*Saruma henryi*

分类地位：马兜铃科马蹄香属

分布区域：康县、天水

形态特征：多年生直立草本；被灰棕色柔毛；有长须根。叶心形，叶柄被毛。花单生，萼片心形，花瓣黄绿色。

被子植物 Angiosperms

中 文 名：厚朴

学　　名：*Houpoea officinalis*

分类地位：木兰科厚朴属

分布区域：陇南

形态特征：落叶乔木；高达20米；树皮厚，褐色；小枝粗壮，淡黄色。叶大，近革质，7～9片聚生于枝端，长圆状倒卵形。花白色，直径10～15厘米，有芳香气味。

被子植物 Angiosperms

中 文 名：西康玉兰

学　　名：*Oyama wilsonii*

分类地位：木兰科天女花属

分布区域：文县

形态特征：落叶灌木；树皮灰褐色。叶纸质，椭圆状，先端急尖，基部圆形；叶柄长1～3厘米。花与叶同时开放，白色，芳香，盛开成碟状。

被子植物 Angiosperms

中 文 名：峨眉含笑

学　　名：*Michelia wilsonii*

分类地位：木兰科含笑属

分布区域：康县

形态特征：高大乔木；高可达20米；嫩枝绿色，顶芽圆柱形。叶革质，倒卵形。花黄色，有芳香气味。

被子植物 Angiosperms

中 文 名：油樟

学　　名：*Cinnamomum longipaniculatum*

分类地位：樟科樟属

分布区域：文县

形态特征：乔木；高达20米，胸径50厘米；树皮灰色，光滑。叶互生，卵形，淡绿色，稍带红。圆锥花序腋生，纤细，具分枝，分枝细弱，又开末端二歧状，每歧为3～7花的聚伞花序。花淡黄色，有香气。

被子植物 Angiosperms

中 文 名：润楠

学　　名：*Machilus nanmu*

分类地位：樟科润楠属

分布区域：康县

形态特征：高大乔木；小枝黄褐色，干时通常蓝紫黑色。顶芽卵形，鳞片近圆形，浅棕色。叶片椭圆形或椭圆状倒披针形，革质，上面绿色，下面有贴伏小柔毛。圆锥花序生于嫩枝基部，花梗纤细，花小带绿色，花被裂片长圆形，子房卵形，花柱纤细，果扁球形，黑色。（刘翔拍摄）

被子植物 Angiosperms

中　文　名：浮叶慈姑

学　　　名：*Sagittaria natans*

分类地位：泽泻科慈姑属

分布区域：甘肃省

形态特征：多年生水生浮叶草本；根状茎匍匐。沉水叶披针形，浮水叶呈长椭圆状披针形，叶端钝而具短尖头或渐尖，基部叉开呈箭形，叶柄长短视水的深度而定，基部扩大成鞘。聚伞式小圆锥花序挺出水面，花白色，花瓣倒卵形。花单性，瘦果两侧压扁，背翅边缘不整齐。（林秦文拍摄）

被子植物 Angiosperms

中　文　名：芒苞草

学　　　名：*Acanthochlamys bracteata*

分类地位：翡若翠科芒苞草属

分布区域：玛曲

形态特征：多年生草本植物；植株高1～5厘米，密丛生。根状茎坚硬，叶片近直立，鞘披针形，浅棕色；聚伞花序缩短成头状，外形近扫帚状，花红色或紫红色；花药长圆形，不等大，子房长圆形，蒴果顶端海绵质且呈白色，种子两端近浑圆或钝。（华国军拍摄）

被子植物 Angiosperms

中 文 名：七叶一枝花

学　　名：*Paris polyphylla*

分类地位：藜芦科重楼属

分布区域：临夏、平凉、陇南、甘南、天水

形态特征：植株高35～100厘米；茎带紫红色，叶7～10枚，矩圆形。外轮花被片绿色，狭卵状披针形；内轮花被片狭条形，通常比外轮长。（王建宏拍摄）

被子植物 Angiosperms

中 文 名：狭叶重楼

学　　名：*Paris polyphylla var. stenophylla*

分类地位：藜芦科重楼属

分布区域：平凉、陇南、临夏、甘南、天水、定西

形态特征：叶8～13（～22）枚轮生，披针形、倒披针形或条状披针形，有时略微弯曲呈镰刀状，具短叶柄。（王建宏拍摄）

被子植物 Angiosperms

中 文 名：华重楼

学　　名：*Paris polyphylla var. chinensis*

分类地位：藜芦科重楼属

分布区域：宕昌

形态特征：植株高35～100厘米，无毛；根状茎粗厚；叶5～8枚轮生倒卵状披针形、矩圆状披针形或倒披针形；内轮花被片狭条形，通常中部以上变宽。蒴果紫色，种子多数具鲜红色多浆汁的外种皮。（王孜拍摄）

被子植物 Angiosperms

中 文 名：宽叶重楼

学　　名：*Paris polyphylla var. latifolia*

分类地位：藜芦科重楼属

分布区域：甘南、陇南、天水、定西、平凉、临夏

形态特征：植株高35～100厘米，无毛；根状茎粗厚，茎通常带紫红色；叶8～13（～22）枚轮生，叶较宽，通常为倒卵状披针形或宽披针形；外轮花被片叶状，5-7枚，狭披针形或卵状披针形；幼果外面有疣状突起，成熟后更为明显。（袁彩霞拍摄）

被子植物 Angiosperms

中 文 名：具柄重楼

学　　名：*Paris fargesii var. petiolata*

分类地位：藜芦科重楼属

分布区域：华亭、庄浪、陇南、天水

形态特征：叶宽卵形，基部近圆形，极少为心形；外轮花被片通常5枚，卵状披针形，先端具长尾尖，基部变狭成短柄；雄蕊12枚。

被子植物 Angiosperms

中 文 名：金线重楼

学　　名：*Paris delavayi*

分类地位：藜芦科重楼属

分布区域：徽县

形态特征：植株较高，根状茎长1.5～5厘米；叶6～8枚，叶片披针形或长圆形。内轮花被片常深紫色，丝状线形，比外轮短。子房绿色或上部紫色，圆锥状卵球形。成熟时蒴果绿色，圆锥状卵球形；种子红色，被肉质的假种皮。（孟德昌拍摄）

被子植物 Angiosperms

中 文 名：黑籽重楼

学　　名：*Paris thibetica*

分类地位：藜芦科重楼属

分布区域：文县

形态特征：根状茎长达12厘米，黄褐色。茎高达90厘米，绿色，有时带紫色，无毛。叶8～12枚，披针形或倒披针形，常无柄。

被子植物 Angiosperms

中 文 名：荞麦叶大百合

学　　名：*Cardiocrinum cathayanum*

分类地位：百合科大百合属

分布区域：麦积区

形态特征：多年生草本；植株可达40厘米；叶通常对生，条形至条状披针形；花单朵，绿黄色，无方格斑，苞片先端有时稍弯曲，但不卷曲；花被片外三片狭倒卵状矩圆形，花药近基着，花丝通常具小乳突；蒴果棱上有狭翅。（朱仁斌拍摄）

被子植物 Angiosperms

中 文 名：榆中贝母

学　　名：*Fritillaria yuzhongensis*

分类地位：百合科贝母属

分布区域：徽县、榆中

形态特征：植株高达50厘米。最下叶对生，线形，先端不卷曲，其余叶多互生，少有对生，先端卷曲或弯曲。花单生，钟形，黄绿色，具稀疏紫色方格斑。

被子植物 Angiosperms

中 文 名：太白贝母

学　　名：*Fritillaria taipaiensis*

分类地位：百合科贝母属

分布区域：麦积区、积石山、陇南、舟曲

形态特征：多年生草本；植株可达40厘米；叶通常对生，条形至条状披针形；花单朵，绿黄色，无方格斑，苞片先端有时稍弯曲，但不卷曲；花被片外三片狭倒卵状矩圆形，花药近基着，花丝通常具小乳突；蒴果棱上有狭翅。（朱仁斌拍摄）

被子植物 Angiosperms

中 文 名：川贝母

学　　名：*Fritillaria cirrhosa*

分类地位：百合科贝母属

分布区域：卓尼县

形态特征：鳞茎球形或宽卵圆形，叶对生，叶片条形至条状披针形，花通常单朵，紫色至黄绿色，每花有叶状苞片，苞片狭长，花药近基着，蒴果长棱上有狭翅。

被子植物 Angiosperms

中 文 名：甘肃贝母

学　　名：*Fritillaria przewalskii*

分类地位：百合科贝母属

分布区域：兰州、甘南、漳县、临夏

形态特征：鳞茎由2枚鳞片组成；叶通常最下面的2枚对生，上面的2～3枚散生，条形，先端通常不卷曲。花通常单朵，浅黄色，具深黑紫色斑点或紫色方格纹；叶状苞片1枚，先端稍卷曲或不卷曲。

被子植物 Angiosperms

中 文 名：暗紫贝母

学　　名：*Fritillaria unibracteata*

分类地位：百合科贝母属

分布区域：玛曲、迭部

形态特征：鳞茎深埋土中，叶在下面为对生，散生或对生，条形或条状披针形，花单朵，深紫色，有黄褐色小方格；叶状苞片，花药近基着，花丝具或不具小乳突；蒴果棱上的翅很狭。

被子植物 Angiosperms

中 文 名：绿花百合

学　　名：*Lilium fargesii*

分类地位：百合科百合属

分布区域：徽县、康县、甘南

形态特征：我国特有植物。鳞茎卵形，鳞片披针形，白色，茎高20～70厘米，叶散生，条形，生于中上部；花单生或数朵排成总状花序，花下垂，绿白色，有稠密的紫褐色斑点，有芳香气味，观赏性强；花被片披针形，蒴果矩圆形。（朱仁斌拍摄）

被子植物 Angiosperms

中 文 名：白及

学　　名：*Bletilla striata*

分类地位：兰科白及属

分布区域：陇南、天水、榆中

形态特征：植株高达60厘米。假鳞茎扁球形。茎粗壮。叶4～6枚。花序具3～10花。苞片长圆状披针形，花紫红或淡红色。（李波卡拍摄）

被子植物 Angiosperms

中 文 名：独花兰

学　　名：*Changnienia amoena*

分类地位：兰科独花兰属

分布区域：文县

形态特征：假鳞茎近椭圆形，淡黄白色，被膜质鞘。叶1枚，宽卵状椭圆形下面紫红色。花葶假鳞茎顶端，长达17厘米，紫色，具2鞘，花单朵。

被子植物 Angiosperms

中 文 名：杜鹃兰

学　　名：*Cremastra appendiculata*

分类地位：兰科杜鹃兰属

分布区域：陇南、舟曲、天水、平凉

形态特征：假鳞茎卵球形或近球形。叶常1枚，窄椭圆形。花葶长达70厘米，总状花序具5～22花。

被子植物 Angiosperms

中 文 名：蕙兰

学　　名：*Cymbidium faberi*

分类地位：兰科兰属

分布区域：康县、文县、舟曲、武都

形态特征：假鳞茎不明显。叶带形，近直立，长25～80厘米，基部对折呈"V"形，叶脉常透明，常有粗齿。花常淡黄绿色，唇瓣有紫红色斑，有香气。

被子植物 Angiosperms

中 文 名：春兰

学　　名：*Cymbidium goeringii*

分类地位：兰科兰属

分布区域：康县、文县、徽县、武都

形态特征：假鳞茎卵球形。叶4～7枚，带形，下部常多少对折呈"V"形。花葶直立，花序具单花。

被子植物 Angiosperms

中 文 名：建兰

学　　名：*Cymbidium ensifolium*

分类地位：兰科兰属

分布区域：文县

形态特征：假鳞茎卵球形，包藏于叶基之内。叶带形。总状花序具3～9朵花；花常有香气，色泽变化较大，通常为浅黄绿色而具紫斑。

被子植物 Angiosperms

中 文 名：黄花杓兰

学　　名：*Cypripedium flavum*

分类地位：兰科杓兰属

分布区域：甘南、兰州、陇南、天水

形态特征：植株高达50厘米。根状茎粗短，直立，密被柔毛。叶椭圆形或椭圆状披针形，两面被短柔毛。花黄色，有时有红晕，唇瓣偶有栗色斑点。

被子植物 Angiosperms

中 文 名：绿花杓兰

学　　名：*Cypripedium henryi*

分类地位：兰科杓兰属

分布区域：舟曲、迭部、合水、陇南、天水

形态特征：植株高达60厘米。茎直立，被短柔毛。叶4～5枚，椭圆状或卵状披针形。花绿或绿黄色。

（王建宏拍摄）

被子植物 Angiosperms

中　文　名：山西杓兰

学　　　名：*Cypripedium shanxiense*

分类地位：兰科杓兰属

分布区域：迭部、合水、永登

形态特征：植株高达55厘米。茎直立，被短柔毛和腺毛。叶3～4枚，椭圆形。花褐或紫褐色，具深色脉纹。

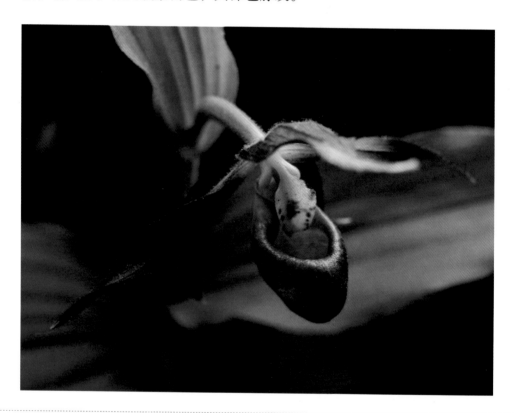

被子植物 Angiosperms

中　文　名：西藏杓兰

学　　　名：*Cypripedium tibeticum*

分类地位：兰科杓兰属

分布区域：甘南、文县、临夏县、和政、榆中

形态特征：茎直立。叶常3枚，椭圆形或宽椭圆形。花大，俯垂，紫、紫红或暗紫色，常有淡绿黄色斑纹。（王建宏拍摄）

被子植物 Angiosperms

中 文 名：华西杓兰

学　　名：*Cypripedium farreri*

分类地位：兰科杓兰属

分布区域：舟曲、武都

形态特征：植株高达30厘米。叶常2枚，椭圆形或卵状椭圆形。花有香气；花瓣绿黄色，有较密集栗色纵纹，唇瓣蜡黄色，囊内有栗色斑点。

被子植物 Angiosperms

中 文 名：大叶杓兰

学　　　名：*Cypripedium fasciolatum*

分类地位：兰科杓兰属

分布区域：舟曲县、卓尼

形态特征：植株高30～45厘米，具粗短的根状茎；茎直立，基部具数枚鞘，鞘上方具3～4枚叶，叶片椭圆形或宽椭圆形；通常1花，花大，黄色，有香气，萼片与花瓣上具明显的栗色纵脉纹，唇瓣有栗色斑点；花瓣线状披针形或宽线形。（郎楷永拍摄）

被子植物 Angiosperms

中　文　名：斑叶杓兰

学　　　名：*Cypripedium margaritaceum*

分类地位：兰科杓兰属

分布区域：文县、武都

形态特征：植株高约10厘米，具粗短的根状茎；茎直立，较短，顶端具2枚叶；叶近对生，叶片宽卵形，上面暗绿色并有黑紫色斑点。花序顶生，具1花；萼片绿黄色有栗色纵条纹，花瓣与唇瓣白色或淡黄色而有红色或栗红色斑点与条纹；花瓣斜长圆状披针形，向前弯曲并围抱唇瓣，唇瓣囊状，近椭圆形。（华国军拍摄）

被子植物 Angiosperms

中 文 名：毛杓兰

学　　名：Cypripedium franchetii

分类地位：兰科杓兰属

分布区域：甘南、庆阳、平凉、陇南、天水、定西、康乐、兰州

形态特征：叶 3～5 枚，椭圆形或卵椭圆形，两面脉疏被短柔毛。花淡紫红或粉红色，有深色脉纹。

被子植物 Angiosperms

中 文 名：扇脉杓兰

学　　名：*Cypripedium japonicum*

分类地位：兰科杓兰属

分布区域：康县、文县、徽县，天水

形态特征：植株高 35～55 厘米，具较细长的根状茎；茎直立，被褐色长柔毛，基部具数枚鞘，顶端生叶；叶通常 2 枚，近对生，叶片扇形；花序顶生，具 1 花；萼片和花瓣淡黄绿色，基部有紫色斑点；唇瓣淡黄绿色至淡紫白色，有紫红色斑点和条纹；花瓣斜披针形，唇瓣下垂，囊状，近椭圆形或倒卵形。（刘翔拍摄）

被子植物 Angiosperms

中 文 名：紫点杓兰

学　　名：*Cypripedium guttatum*

分类地位：兰科杓兰属

分布区域：甘南、康乐

形态特征：植株高达25厘米。顶端具叶。叶2枚，极稀3枚，常对生或近对生，生于植株中部或中部以上，椭圆形或卵状披针形。花白色，具淡紫红或淡褐红色斑。

被子植物 Angiosperms

中 文 名：对叶杓兰

学　　名：*Cypripedium debile*

分类地位：兰科杓兰属

分布区域：武都、文县

形态特征：植株高达30厘米。叶对生或近对生，宽卵形或近心形，草质，两面无毛，具3～5主脉及不明显网脉。花序顶生，俯垂，具1花，花序梗纤细，无毛。（李策宏拍摄）

被子植物 Angiosperms

中 文 名：巴郎山杓兰

学　　名：*Cypripedium palangshanense*

分类地位：兰科杓兰属

分布区域：陇南

形态特征：植株高8～13厘米，具细长而横走的根状茎。叶对生或近对生，平展；叶片近圆形。花俯垂，血红色或淡紫红色。（魏毅拍摄）

被子植物 Angiosperms

中 文 名：无苞杓兰

学　　名：*Cypripedium bardolphianum*

分类地位：兰科杓兰属

分布区域：迭部、舟曲、宕昌、岷县

形态特征：植株高达12厘米。叶近对生，椭圆形，近无毛。花序顶生，萼片与花瓣淡绿色，有密集褐色条纹，唇瓣金黄色。（华国军拍摄）

被子植物 Angiosperms

中 文 名：毛瓣杓兰

学　　名：*Cypripedium fargesii*

分类地位：兰科杓兰属

分布区域：舟曲、武都、文县

形态特征：植株高约10厘米。叶近对生，宽椭圆形或近圆形，上面有黑栗色斑点，无毛。花萼淡黄绿色，花瓣带白色，内面有淡紫红色条纹，外面有细斑点，唇瓣黄色。（罗毅波拍摄）

被子植物 Angiosperms

中 文 名：褐花杓兰

学　　名：*Cypripedium calcicola*

分类地位：兰科杓兰属

分布区域：甘南、康乐、文县、永登

形态特征：植株高15～45厘米。叶3～4枚，椭圆形，两面近无毛，有细缘毛。花大，深紫色，仅唇瓣背侧有若干淡黄色质地较薄的透明"窗"。

被子植物 Angiosperms

中 文 名：大花杓兰

学　　名：*Cypripedium macranthos*

分类地位：兰科杓兰属

分布区域：甘南、文县、礼县、榆中、岷县、漳县、康乐

形态特征：植株高25～50厘米，具粗短的根状茎。叶片椭圆形或椭圆状卵形。花大，紫色、红色或粉红色。

被子植物 Angiosperms

中 文 名：天麻

学　　名：*Gastrodia elata*

分类地位：兰科天麻属

分布区域：陇南、天水、舟曲

形态特征：植株高达1.5米。根状茎块茎状，椭圆形。茎橙黄或蓝绿色，无绿叶，下部被数枚膜质鞘。花序长达30（～50）厘米，具30～50花，花扭转，橙黄或黄白色，近直立。（周繇拍摄）

被子植物 Angiosperms

中 文 名：手参

学　　名：*Gymnadenia conopsea*

分类地位：兰科手参属

分布区域：甘南、岷县、康乐、文县、平凉

形态特征：草本植物，植株可达60厘米。因其地下单一肉质块根肥厚，有4至6指状分裂，形同手掌而得名。茎直立，叶片线状披针形、狭长圆形或带形；总状花序，花苞片披针形，花瓣直立，花粉红泛白色，花粉团卵球形。

被子植物 Angiosperms

中 文 名：西南手参

学　　名：*Gymnadenia orchidis*

分类地位：兰科手参属

分布区域：甘南

形态特征：植株高17～35厘米。茎直立，卵状椭圆形，较粗壮，上部具1至数枚苞片状小叶。叶片椭圆形或椭圆状长圆形，总状花序具多数密生的花，圆柱形，花紫红色或粉红色，极罕为带白色。

145

被子植物 Angiosperms

中 文 名：细叶石斛

学　　名：*Dendrobium hancockii*

分类地位：兰科石斛属

分布区域：武都、徽县、文县

形态特征：茎直立，质硬，圆柱形，长达80厘米，具纵棱。叶常3～6枚，窄长圆形，先端稍不等2圆裂，基部下延为抱茎纸质鞘。花质厚，稍有香气，金黄色，唇瓣裂片内侧具少数红色条纹。（华国军拍摄）

被子植物 Angiosperms

中 文 名：细茎石斛

学　　名：*Dendrobium moniliforme*

分类地位：兰科石斛属

分布区域：康县

形态特征：茎直立，细圆柱形，上下等粗，长达20厘米或更长。叶革质，常互生。花黄绿、白或白色带淡紫红色，有时有香气。（朱鑫鑫拍摄）

被子植物 Angiosperms

中 文 名：独蒜兰

学　　名：*Pleione bulbocodioides*

分类地位：兰科独蒜兰属

分布区域：文县、康县、武都

形态特征：半附生草本。假鳞茎卵形或卵状圆锥形，上端有颈，顶端1叶。叶窄椭圆状披针形或近倒披针形，纸质。花粉红至淡紫色，唇瓣有深色斑。

被子植物 Angiosperms

中 文 名：沙芦草

学　　名：*Agropyron mongolicum*

分类地位：禾本科冰草属

分布区域：敦煌、阿克塞、瓜州、民勤、环县、碌曲

　形态特征：秆疏丛生，高20～60厘米，具2～3（～6）节。叶鞘无毛，叶舌具纤毛；叶片内卷成针状，长5～15厘米，宽1.5～3毫米，脉密被细钢毛。穗状花序。

被子植物 Angiosperms

中 文 名：黑紫披碱草

学　　名：*Elymus atratus*

分类地位：禾本科披碱草属

分布区域：玛曲、夏河、兰州、天水、肃南、天祝

形态特征：秆疏丛生。秆直立，较细弱，高40～60厘米，基部呈膝曲状。叶鞘光滑无毛；叶片多少内卷，两面均无毛，或基生叶上面有时可生柔毛。

被子植物 Angiosperms

中 文 名：紫芒披碱草

学　　名：*Elymus purpuraristatus*

分类地位：禾本科披碱草属

分布区域：碌曲

形态特征：秆较粗壮，高达160厘米，秆、叶、花序皆被白粉，基部节间呈粉紫色。叶鞘无毛；叶片常内卷，上面微粗糙，下面平滑。（李晓东拍摄）

被子植物 Angiosperms

中 文 名：三刺草

学　　名：*Aristida triseta*

分类地位：禾本科三芒草属

分布区域：合作、夏河、卓尼

形态特征：多年生草本。须根较粗而坚韧；秆直立，丛生；基部宿存枯萎的叶鞘，叶鞘短于节间，光滑；叶舌短小，具长约0.2毫米的纤毛；叶片常卷折而弯曲。圆锥花序狭窄，线形，紫色或古铜色；花药为黄色或紫色。（朱鑫鑫拍摄）

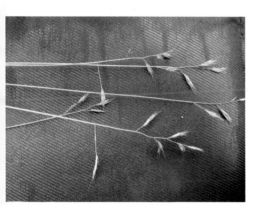

被子植物 Angiosperms

中 文 名：青海固沙草

学　　名：*Orinus kokonorica*

分类地位：禾本科固沙草属

分布区域：肃南、武威

形态特征：根茎密被鳞片。秆高30～50厘米。叶鞘无毛或粗糙，叶舌膜质平截；叶较硬，常内卷呈刺毛状，基部稍呈耳形，两面均糙涩或被刺毛。（林秦文拍摄）

被子植物 Angiosperms

中 文 名：青海以礼草

学　　名：*Kengyilia kokonorica*

分类地位：禾本科以礼草属

分布区域：肃南、阿克塞、玛曲

形态特征：叶鞘短于节间，叶内卷，无毛。秆高30～50厘米，花序以下被柔毛，顶端1节膝曲状。（李晓东拍摄）

149

被子植物 Angiosperms

中 文 名：红花绿绒蒿

学　　名：*Meconopsis punicea*

分类地位：罂粟科绿绒蒿属

分布区域：甘南、康乐、永登、榆中、漳县

形态特征：多年生草本；须根纤维状。叶基、叶、花葶、萼片、子房及蒴果均密被淡黄或深褐色分枝刚毛。叶柄基部稍呈鞘状。花瓣深红色。

被子植物 Angiosperms

中 文 名：八角莲

学　　名：*Dysosma versipellis*

分类地位：小檗科八角莲属

分布区域：文县

形态特征：多年生草本；根状茎粗状，横生，多须根。茎生叶2枚，薄纸质，互生，盾状，近圆形，直径达30厘米。花深红色，5～8朵簇生于叶基部不远处，下垂，花着生于叶腋。（刘翔拍摄）

被子植物 Angiosperms

中 文 名：桃儿七

学　　名：*Sinopodophyllum hexandrum*

分类地位：小檗科桃儿七属

分布区域：碌曲、迭部、和政、康乐、榆中、永登、临洮、渭源、天祝、文县

形态特征：多年生草本；植株高20～50厘米。叶2枚，薄纸质，非盾状，基部心形。花大，单生，先叶开放，两性，整齐，粉红色。

被子植物 Angiosperms

中 文 名：独叶草

学　　名：*Kingdonia uniflora*

分类地位：星叶草科独叶草属

分布区域：天水、陇南

形态特征：中国特有种。多年生草本，无毛。叶基生；叶心状圆形。花萼4～7片，淡绿色，卵形。

被子植物 Angiosperms

中 文 名：黄连

学　　名：*Coptis chinensis*

分类地位：毛茛科黄连属

分布区域：文县

形态特征：叶具长柄：叶薄革质，卵状五角形，基部心形，3全裂，全裂片具柄，花萼片黄绿色，花瓣线状披针形。（刘翔拍摄）

被子植物 Angiosperms

中 文 名：水青树

学　　名：*Tetracentron sinense*

分类地位：昆栏树科水青树属

分布区域：舟曲、迭部、天水、陇南

形态特征：落叶乔木，高达40米；全株无毛。单叶，生于短枝顶端，叶卵状心形，先端渐尖，基部心形，具腺齿，下面微被白霜。

被子植物 Angiosperms

中 文 名：太白山紫斑牡丹

学　　名：*Paeonia rockii subsp. atava*

分类地位：芍药科芍药属

分布区域：合水、天水

形态特征：落叶灌木；茎高达2米；叶为二至三回羽状复叶，小叶卵形到卵形圆形，多数浅裂；花单生枝顶，直径10～17厘米；花梗长4～6厘米；萼片5片，花瓣5片。（聂延秋拍摄）

被子植物 Angiosperms

中 文 名：矮牡丹

学　　名：*Paeonia jishanensis*

分类地位：芍药科芍药属

分布区域：榆中

形态特征：落叶灌木，高达2米。叶为二回三出复叶，具9小叶，稀较多；小叶圆形，基部圆。花枝褐红或淡绿色，皮孔不明显。（白重炎拍摄）

被子植物 Angiosperms

中 文 名：四川牡丹

学　　名：*Paeonia szechuanica*

分类地位：芍药科芍药属

分布区域：迭部

形态特征：灌木，茎高 0.7～1.5 米，树皮灰黑色；叶为三至四回三出复叶；顶生小叶卵形或倒卵形，表面深绿色，背面淡绿色；侧生小叶卵形或菱状卵形；花单生枝顶，苞片大小不等，线状披针形；萼片 3～5 枚，倒卵形，绿色。花瓣 9～12 枚，玫瑰色、红色，倒卵形，顶端呈不规则波状或凹缺。（李洋拍摄）

被子植物 Angiosperms

中 文 名：连香树

学　　名：*Cercidiphyllum japonicum*

分类地位：连香树科连香树属

分布区域：陇南、舟曲、迭部、麦积区

形态特征：大乔木；高达 20 米；树皮灰色。小枝无毛，短枝在长枝上对生；芽鳞褐色。短枝之叶近圆形、宽卵形或心形，长枝之叶椭圆形或三角形。

被子植物 Angiosperms

中 文 名：长鞭红景天

学　　名：*Rhodiola fastigiata*

分类地位：景天科红景天属

分布区域：夏河、漳县

形态特征：多年生草本；根颈基部鳞片三角形。叶互生，线状长圆形，先端钝，全缘，被微乳头状凸起；基部无柄。花瓣红色，长圆状披针形。

被子植物 Angiosperms

中 文 名：四裂红景天

学　　名：*Rhodiola quadrifida*

分类地位：景天科红景天属

分布区域：甘南、康乐、肃南、天祝、阿克塞、肃北

形态特征：多年生草本；分枝。叶互生，无柄，全缘。花瓣4枚，紫红色，长圆状倒卵形。

被子植物 Angiosperms

中 文 名：红景天

学　　名：*Rhodiola rosea*

分类地位：景天科红景天属

分布区域：舟曲、瓜州

形态特征：多年生草本；根粗壮，直立。根颈短，顶端被鳞片。叶疏生，长圆形，全缘或上部疏生锯齿。花瓣4枚，黄绿色，线状倒披针形或长圆形。

被子植物 Angiosperms

中 文 名：唐古红景天

学　　名：*Rhodiola tangutica*

分类地位：景天科红景天属

分布区域：玛曲

形态特征：多年生草本；根颈没有残留老枝茎，或有少数残留，先端被三角形鳞片；叶线形，先端钝渐尖，无柄。

被子植物 Angiosperms

中 文 名：云南红景天

学　　名：*Rhodiola yunnanensis*

分类地位：景天科红景天属

分布区域：文县、天水

形态特征：多年生草本；3叶轮生，稀对生，卵状披针形、椭圆形、卵状长圆形或宽卵形，下面苍白绿色，无柄。花瓣4枚，黄绿色，匙形。

被子植物 Angiosperms

中 文 名：锁阳

学　　名：*Cynomorium songaricum*

分类地位：锁阳科锁阳属

分布区域：酒泉、嘉峪关、张掖

形态特征：多年生肉质寄生草本；无叶绿素，全株红棕色；高15～100厘米，大部分埋于沙中；肉穗花序生于茎顶，伸出地面，棒状。

被子植物 Angiosperms

中 文 名：四合木

学　　名：*Tetraena mongolica*

分类地位：蒺藜科四合木属

分布区域：河西走廊

形态特征：灌木，高40～80厘米。茎由基部分枝，老枝弯曲，黑紫色或棕红色、光滑，一年生枝黄白色，被叉状毛。托叶卵形，膜质，白色；叶近无柄，老枝叶近簇生，当年枝叶对生；叶片倒披针

形，有短刺尖，两面密被伏生叉状毛，呈灰绿色。花单生于叶腋，萼片卵形，表面被叉状毛，呈灰绿色；花瓣4枚，白色。由于刚砍下的新鲜四合木植株很易燃烧，当地人又称其为"油柴"或"四翅油葫芦"。是1.4亿年前古地中海的孑遗种，被称为"植物大熊猫"。

被子植物 Angiosperms

中 文 名：沙冬青

学　　名：*Ammopiptanthus mongolicus*

分类地位：豆科沙冬青属

分布区域：景泰、民勤

形态特征：常绿灌木；高1.5～2米，多叉状分枝；枝皮黄绿色，幼时被灰白色短柔毛；3小叶，叶菱状椭圆形，先端急尖，总状花序顶生，有8～12朵密集的花。

被子植物 Angiosperms

中 文 名：野大豆

学　　名：*Glycine soja*

分类地位：豆科大豆属

分布区域：正宁、合水、麦积区、陇南

形态特征：一年生缠绕草本；全株疏被褐色长硬毛；根草质，侧根密生于主根上部；叶具3小叶。花冠淡紫红或白色，旗瓣近倒卵圆形。

被子植物 Angiosperms

中 文 名：胀果甘草

学　　名：*Glycyrrhiza inflata*

分类地位：豆科甘草属

分布区域：酒泉、玉门、榆中

形态特征：多年生草本；根与根状茎粗壮，含甘草甜素。羽状复叶，叶柄和叶轴均密被褐色鳞片状腺点。花冠紫或淡紫色。

被子植物 Angiosperms

中　文　名：甘草

学　　　名：*Glycyrrhiza uralensis*

分类地位：豆科甘草属

分布区域：临泽、会宁、景泰、民勤、古浪、庆阳、榆中、皋兰、泾川、定西、甘谷、肃南、酒泉

形态特征：多年生草本；根与根状茎粗壮，外皮褐色，里面淡黄色。羽状复叶，叶柄密被褐色腺点和短柔毛。花冠紫、白或黄色。

被子植物 Angiosperms

中　文　名：红豆树

学　　　名：*Ormosia hosiei*

分类地位：豆科红豆属

分布区域：文县、康县、武都区

形态特征：常绿或落叶乔木；高达30米；树皮灰绿色，平滑。花疏生，有香气；花冠白或淡紫色；旗瓣倒卵形。

被子植物 Angiosperms

中　文　名：绵刺

学　　　名：Potaninia mongolica

分类地位：蔷薇科绵刺属

分布区域：景泰、永昌、民勤、临泽

形态特征：小灌木；高达40厘米，各部有长绢毛；地下茎粗壮；小叶披针状椭圆形，先端尖，基部窄。花瓣3枚，卵形，白或淡粉红色。

被子植物 Angiosperms

中　文　名：甘肃桃

学　　　名：*Prunus kansuensis*

分类地位：蔷薇科桃属

分布区域：舟曲、迭部、陇南、武山、麦积区、正宁、会宁

形态特征：乔木或灌木；高达7米；叶卵状披针形，中部以下最宽。花瓣近圆形或宽倒卵形，白或浅粉红色，边缘有时波状或浅缺刻状。

被子植物 Angiosperms

中　文　名：蒙古扁桃

学　　　名：*Prunus mongolica*

分类地位：蔷薇科桃属

分布区域：肃南、永昌

形态特征：灌木高达2米；小枝顶端成枝刺；嫩枝被短柔毛；短枝叶多簇生，长枝叶互生叶宽椭圆形、近圆形或倒卵形，先端钝圆，有时具小尖头，基部楔形。

被子植物 Angiosperms

中 文 名：矮扁桃

学　　名：*Prunus nana*

分类地位：蔷薇科桃属

分布区域：卓尼、肃南

形态特征：灌木；株高1～1.5米；叶
窄长圆形、长圆状披针形或披针形，先端
急尖或稍钝；花瓣不整齐倒卵形，粉红色。

被子植物 Angiosperms

中 文 名：单瓣月季花

学　　名：*Rosa chinensis var.*
spontanea

分类地位：蔷薇科蔷薇属

分布区域：文县

形态特征：枝条圆筒状，有宽
扁皮刺，小叶3～5片，花瓣红色，
单瓣，萼片常全缘，稀具少数
裂片。

被子植物 Angiosperms

中　文　名：亮叶月季

学　　　名：*Rosa lucidissima*

分类地位：蔷薇科蔷薇属

分布区域：文县

形态特征：常绿或半常绿攀援灌木；老枝无毛，有基部扁的弯曲皮刺，有时密被刺毛；小叶3枚，花瓣紫红色，宽倒卵形，先端微凹。（王建宏拍摄）

被子植物 Angiosperms

中　文　名：大花香水月季

学　　　名：*Rosa odorata var. gigantea*

分类地位：蔷薇科蔷薇属

分布区域：天水

形态特征：常绿或半常绿攀援灌木；老枝无毛，有基部扁的弯曲皮刺，有时密被刺毛；小叶3枚，花色鲜艳，有芳香气味。

被子植物 Angiosperms

中　文　名：小勾儿茶

学　　　名：*Berchemiella wilsonii*

分类地位：鼠李科小勾儿茶属

分布区域：迭部

形态特征：落叶灌木，高3～6米；小枝无毛，褐色，具密而明显的皮孔，有纵裂纹，老枝灰色。叶纸质，互生，椭圆形，顶端钝，有短突尖，基部圆形，不对称，上面绿色，无光泽，无毛，下面灰白色；叶柄无毛，上面有沟槽。顶生聚伞总状花序，花芽圆球形，花淡绿色，萼片三角状卵形，花瓣宽倒卵形，顶端微凹，基部具短爪。（李晓东拍摄）

被子植物 Angiosperms

中　文　名：大叶榉树

学　　　名：*Zelkova schneideriana*

分类地位：榆科榉属

分布区域：麦积区、文县、康县、武都

形态特征：乔木；高大；树皮灰褐至深灰色，不规则片状剥落；叶卵形或椭圆状披针形，先端渐尖、尾尖或尖；雄花1～3朵生于叶腋。

被子植物 Angiosperms

中 文 名：奶桑

学　　名：*Morus macroura*

分类地位：桑科桑属

分布区域：文县

形态特征：落叶乔木或灌木，无刺；冬芽具芽鳞，呈覆瓦状排列。叶互生，边缘具锯齿，全缘至深裂。花雌雄异株或同株，或同株异序，雌雄花序均为穗状；雄花，花被覆瓦状排列，雄蕊与花被片对生，在花芽时内折，退化雌蕊陀螺形；雌花，花被片覆瓦状排列，结果时增厚为肉质。种子近球形。（周欣欣拍摄）

被子植物 Angiosperms

中 文 名：庙台槭

学　　名：*Acer miaotaiense*

分类地位：无患子科槭属

分布区域：麦积区

形态特征：落叶大乔木；树皮深灰色。叶纸质，宽卵形，先端骤短尖，基部心形，稀平截，裂片卵形、边缘微浅波状。

被子植物 Angiosperms

中 文 名：梓叶槭

学　　名：*Acer catalpifolium subsp. catalpifolium*

分类地位：无患子科槭属

分布区域：文县

形态特征：树皮平滑，小枝圆柱形，无毛，冬芽小；叶片纸质，卵形或长圆卵形，基部圆形，先端钝尖具尾状尖尾，上面深绿色，下面除脉腋具黄色丛毛外，叶柄无毛；伞房花序，花黄绿色，萼片长圆卵形，花瓣长圆倒卵形或倒披针形，雄蕊较短，花药黄色，花盘盘状。

被子植物 Angiosperms

中 文 名：宜昌橙

学　　名：*Citrus cavaleriei*

分类地位：芸香科柑橘属

分布区域：文县、康县

形态特征：小乔木或灌木，叶片卵状披针形，花通常单生于叶腋；花蕾阔椭圆形，花瓣淡紫红色或白色。果扁圆形、圆球形或梨形，淡黄色；果肉淡黄白色，甚酸，兼有苦及麻舌味。

被子植物 Angiosperms

中 文 名：黄檗

学　　名：*Phellodendron amurense*

分类地位：芸香科黄檗属

分布区域：文县、武都、天水

形态特征：落叶乔木，树皮灰褐色至黑灰色，内皮鲜黄色；小枝橙黄色或淡黄灰色，羽状复叶，对生或近互生；雌雄异株，聚伞状圆锥花序顶生；花小，黄绿色，花瓣长圆形，浆果状核果近球形，成熟时黑色，有特殊香气与苦味；种子半卵形，带黑色。（朱仁斌拍摄）

被子植物 Angiosperms

中 文 名：川黄檗

学　　名：*Phellodendron chinense*

分类地位：芸香科黄檗属

分布区域：文县

形态特征：落叶乔木；树皮开裂，无木栓层，内层黄色；奇数羽状复叶对生，叶轴及叶柄较粗，密被褐锈色或褐色柔毛；花序顶生，花密集，花序轴粗，密被柔毛。

被子植物 Angiosperms

中 文 名：红椿

学　　名：*Toona ciliata*

分类地位：楝科香椿属

分布区域：文县、康县

形态特征：红椿为大乔木；
高可达20余米。叶为偶数或奇
数羽状复叶，通常有小叶7～8
对。花瓣5枚，白色，长圆形，
先端钝或具短尖，边缘具睫毛。

被子植物 Angiosperms

中 文 名：紫椴

学　　名：*Tilia amurensis*

分类地位：锦葵科椴树属

分布区域：徽县、华亭、武山

形态特征：大乔木，株高25米；
叶宽卵形，先端尖，基部心形。花瓣
长6～7毫米，无退化雄蕊。

被子植物 Angiosperms

中 文 名：半日花

学　　名：*Helianthemum songaricum*

分类地位：半日花科半日花属

分布区域：永昌、民乐、民勤

形态特征：矮小灌木，多分枝，稍呈
垫状，高达12厘米。叶对生，革质，披
针形或窄卵形，边缘常反卷。花瓣黄或淡
桔黄色，倒卵形。

被子植物 Angiosperms

中 文 名：瓣鳞花

学　　名：*Frankenia pulverulenta*

分类地位：瓣鳞花科瓣鳞花属

分布区域：民勤、嘉峪关市

形态特征：一年生草本；高6～16厘米，平卧。叶小，通常4叶轮生，窄倒卵形或倒卵形。花瓣5枚，粉红色，长圆状倒披针形或长圆状倒卵形。（图片下自360百科）

被子植物 Angiosperms

中 文 名：金荞麦

学　　名：*Fagopyrum dibotrys*

分类地位：蓼科荞麦属

分布区域：文县、徽县

形态特征：多年生草本，高达1米。叶三角形，先端渐尖，基部近戟形，两面被乳头状突起。花被片椭圆形，白色。

被子植物 Angiosperms

中 文 名：苞藜

学　　名：*Baolia bracteata*

分类地位：苋科苞藜属

分布区域：迭部

形态特征：一年生草本；稍有粉粒，无毛。叶互生，具叶柄；叶卵状椭圆形或卵状披针形，全缘。花被近球形，绿色。

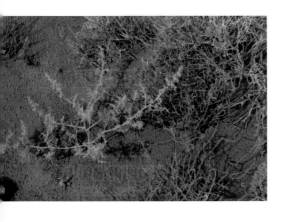

被子植物 Angiosperms

中 文 名：阿拉善单刺蓬

学　　名：*Cornulaca alaschanica*

分类地位：苋科单刺蓬属

分布区域：民勤

形态特征：一年生草本；植株呈塔形，高达20厘米。叶针刺状，黄绿色，无毛，稍平展，劲直或稍外曲。花被片先端的离生部分窄二角形，白色。（冯虎元拍摄）

被子植物 Angiosperms

中 文 名：羽叶点地梅

学　　名：*Pomatosace filicula*

分类地位：报春花科羽叶点地梅属

分布区域：夏河、合作市、玛曲、岷县

形态特征：株高3～9厘米，具粗长的主根和少数须根；叶多数，叶片轮廓线状矩圆形；花冠白色。

被子植物 Angiosperms

中 文 名：软枣猕猴桃

学　　名：*Actinidia arguta*

分类地位：猕猴桃科猕猴桃属

分布区域：文县、徽县、天水

形态特征：落叶藤本；幼枝疏被毛，后脱落，皮孔不明显，髓心片层状，白至淡褐色；叶膜质，宽椭圆形或宽倒卵形，先端骤短尖，基部圆或心形。

被子植物 Angiosperms

中　文　名：中华猕猴桃

学　　　名：*Actinidia chinensis*

分类地位：猕猴桃科猕猴桃属

分布区域：文县、康县、麦积区、平凉、庆阳

形态特征：落叶藤本；幼枝被灰白色绒毛；叶纸质，营养枝之叶宽卵圆形或椭圆形，先端短渐尖或骤尖；叶柄被灰白或黄褐色毛；花先白色，后橙黄色。

被子植物 Angiosperms

中　文　名：兴安杜鹃

学　　　名：*Rhododendron dauricum*

分类地位：杜鹃花科杜鹃花属

分布区域：卓尼县

形态特征：半常绿灌木，高达1.5米；叶近革质，长圆形或椭圆形，先端具短尖头，上面深绿色，下面淡绿色；花冠淡紫红或粉红色，宽漏斗状。

被子植物 Angiosperms

中 文 名：香果树

学　　名：*Emmenopterys henryi*

分类地位：茜草科香果树属

分布区域：文县、武都

形态特征：落叶大乔木，高达30米，胸径达1米。叶宽椭圆形、宽卵形或卵状椭圆形，先端短尖或骤渐尖，基部楔形。叶状萼裂片白、淡红或淡黄色，匙状卵形或宽椭圆形。

被子植物 Angiosperms

中 文 名：黑果枸杞

学　　名：*Lycium ruthenicum*

分类地位：茄科枸杞属

分布区域：张掖、民勤、凉州、酒泉、合水、靖远、东乡、皋兰、永昌、文县、定西

形态特征：灌木；叶在长枝单生，灰绿色，先端钝圆，基部渐窄；花冠漏斗状，淡紫色。

被子植物 Angiosperms

中 文 名：水曲柳

学　　　名：*Fraxinus mandschurica*

分类地位：木犀科梣属

分布区域：正宁、麦积区

形态特征：落叶大乔木，高可达30米，树皮灰褐色；冬芽大，圆锥形，小枝粗壮，四棱形，叶痕节状隆起，半圆形。羽状复叶，叶柄近基部膨大，纸质，叶片长圆形至卵状长圆形，上面暗绿色，下面黄绿色；圆锥花序生于去年生枝上，先叶开放，雄花与两性花异株，均无花冠也无花萼。翅果大而扁。

被子植物 Angiosperms

中 文 名：肉苁蓉

学　　　名：*Cistanche deserticola*

分类地位：列当科肉苁蓉属

分布区域：兰州、酒泉、嘉峪关、张掖

　　形态特征：多年生草本；最高达1.6米。穗状花序，花冠淡黄色，裂片淡黄、淡紫或边缘淡紫色，干后棕褐色。

被子植物 Angiosperms

中　文　名：水母雪兔子

学　　　名：*Saussurea medusa*

分类地位：菊科风毛菊属

分布区域：碌曲、夏河、天祝、肃南

形态特征：多年生草本；茎密被白色棉毛。叶密集，茎下部叶倒卵形、扇形、圆形、长圆形或菱形；小花蓝紫色。

被子植物 Angiosperms

中　文　名：匙叶甘松

学　　　名：*Nardostachys jatamansi*

分类地位：忍冬科甘松属

分布区域：夏河、玛曲、碌曲、临夏

形态特征：多年生草本；基生叶丛生，长匙形、线状。花茎旁出；聚伞花序头状。

被子植物 Angiosperms

中　文　名：人参

学　　　名：*Panax ginseng*

分类地位：五加科人参属

分布区域：天水市

形态特征：多年生草本。基生叶丛生，长匙形、线状倒披针形或线状倒卵形。花茎旁出；聚伞花序头状。

被子植物 Angiosperms

中 文 名：假人参

学　　名：*Panax pseudoginseng*

分类地位：五加科人参属

分布区域：迭部、麦积区

形态特征：多年生草本；根状茎短，竹鞭状，横生；叶为掌状复叶，4枚轮生于茎顶；叶柄有纵纹，无毛；花黄绿色；花瓣5片。（熊驰拍摄）

被子植物 Angiosperms

中 文 名：疙瘩七

学　　名：*Panax bipinnatifidus*

分类地位：五加科人参属

分布区域：迭部、舟曲、榆中、麦积区、文县

形态特征：多年生草本；根纤维状，不膨大成肉质。掌状复叶3～6轮生茎顶；小叶薄膜质，长椭圆形；花小，淡绿色。

被子植物 Angiosperms

中 文 名：珠子参

学　　名：*Panax japonicus var. major*

分类地位：五加科人参属

分布区域：文县

形态特征：根状茎串珠状，故名"珠子参"。小叶倒卵状椭圆形至椭圆形，长为宽的2～3倍，上面沿脉疏被刚毛，下面无毛或沿脉稍被刚毛，先端渐尖，稀长渐尖，基部楔形至圆形。（周厚林拍摄）

被子植物 Angiosperms

中 文 名：大叶三七

学　　名：*Panax pseudoginseng var. japonicus*

分类地位：五加科人参属

分布区域：文县

形态特征：根状茎竹鞭状或串珠状，或兼有竹鞭状和串珠状，中央小叶片阔椭圆形，最宽处常在中部，长为宽的2～4倍，上面脉上无毛或疏生刚毛，下面无毛或脉上疏生刚毛或密生柔毛。（朱鑫鑫拍摄）

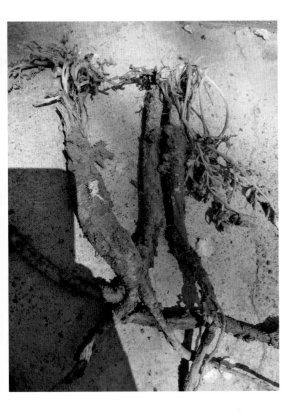

被子植物 Angiosperms

中 文 名：阜康阿魏

学　　名：*Ferula fukanensis*

分类地位：伞形科阿魏属

分布区域：古浪

形态特征：多年生一次结果的草本，根圆锥或倒卵形，粗壮；茎单一，粗壮，近无毛，从近基部向上分枝成圆锥状，下部枝互生，上部枝轮生；基生叶有短柄，淡绿色，上表面无毛，下表面有短柔毛；复伞形花序生于茎枝顶端，花瓣黄色，长圆状披针形。（刘兆龙拍摄）

四、甘肃大型真菌的多样性

甘肃省的自然条件复杂，水热条件差异大，形成了垂直梯度和水平差异的土壤类型和植被类型，给大型真菌提供了生存繁衍的基本条件。因此，甘肃省拥有丰富的大型真菌资源，分布的大型真菌约346种。陇南地区的小陇山林区、西秦岭林区树种分布以阔叶林为主，兼有针叶林、高山灌丛带和草甸带等类型，大型真菌资源种类较多，分布有大型真菌278种，为甘肃省大型真菌资源的优势分布区；甘南高原区的白龙江林区、大夏河林区树种分布以针叶林为主，优势科为白蘑科，优势属为小菇属、铦囊蘑属；陇中黄土高原区的子午岭林区、关山林区、兴隆山林区以阔叶林为主，森林群种较单纯，树种以辽东栎、山杨、白桦林等为主，优势科为白蘑科、枝瑚菌科和马鞍菌科，优势属为杯伞属、枝瑚菌属和马鞍菌属；河西地区的祁连山林区以针叶林为主，兼有部分阔叶林，树种以青海云杉、油松等为主，优势科为丝膜菌科、白蘑科和蘑菇科，优势属为丝膜菌属、香蘑属。甘肃分布的国家重点保护和常见大型真菌有：

中　文　名：冬虫夏草

学　　　名：*Ophiocordyceps sinensis*

保护级别：国家 II 级重点保护

分类地位：线虫草科线虫草属

分布区域：甘南、武威、张掖

形态特征：子座一年生；棍棒状，新鲜时革质，基部浅黄色，中部黄褐色，顶部黑褐色；子囊孢子线状，无色，薄壁，成熟后多分隔。

中 文 名：蒙古口蘑

学　　名：*Leucocalocybe mongolica*

保护级别：国家Ⅱ级重点保护

分类地位：口蘑科白丽蘑属

分布区域：甘肃省

形态特征：子实体散生或群生，中等至较大。菌盖宽5～17厘米，半球形至平展，白色，光滑，初期边缘内卷。菌柄粗壮，白色，基部稍膨大。（图片下载自百度图片库）

中 文 名：松茸

学　　名：*Tricholoma matsutake*

保护级别：国家Ⅱ级重点保护

分类地位：口蘑科口蘑属

分布区域：甘肃省

形态特征：子实体散生或群生。菌盖直径5～25厘米。具黄褐色至栗褐色平状的纤毛状的鳞片，表面干燥，菌肉白色、细嫩有特殊的清香气，肥厚。（图片下载自中国自然植物标本馆）

中 文 名：羊肚菌

学　　名：*Morchella esculenta*

分类地位：羊肚菌科羊肚菌属

分布区域：甘南、陇南

形态特征：表面有似羊肚状的凹坑、状如羊肚而得名。羊肚菌又称"羊肚菜""羊蘑""羊肚蘑"。羊肚菌多生长在阔叶林或针阔混交林的腐殖质层上，柄近圆柱形，近白色，中空，上部平滑，基部膨大并有不规则的浅凹槽。羊肚菌是食药兼用菌，其香味独特，营养丰富，用于食积气滞、脘腹胀满、痰壅气逆喘咳，是一种珍贵的食用菌和药用菌。

中 文 名：粉紫香蘑

学　　名：*Lepista personata*

分类地位：白蘑科香蘑属

分布区域：甘南及河西走廊

形态特征：半球形至近平展，藕粉色或淡紫粉色，较快退色至带污白色或蛋壳色，幼时边缘具絮状物。菌肉白色带紫色，较厚，具明显的淀粉气味。菌褶淡粉紫色，密，弯生，不等长。菌柄柱形，菌柄紫色或淡青紫色，具纵条纹，上部色淡，具白色絮状鳞片，内实至松软，基部稍膨大。夏秋季在青海云杉林中地上群生或生长成一条带或蘑菇圈，可食用。

中 文 名：变绿枝瑚菌

学　　名：*Ramaria abietina*

分类地位：枝瑚菌科枝瑚菌属

分布区域：甘南、河西走廊的祁连山地

形态特征：多分枝，丛生一起，灰黄色、带黄褐色至肉桂色，基部有白色绒毛，受伤处及其附近枝变青绿色。菌柄短或几无，枝细长，不规则，直立，密集，1～3次分叉，稍内弯，质脆，柔软。可食用，在云杉、冷杉等针叶林地腐枝层上群生。

中 文 名：黄绿蜜环菌

学　　名：*Armillaria luteovirens*

分类地位：白蘑科蜜环菌属

分布区域：甘南

形态特征：又名"黄蘑菇"。菌盖厚，肉质，扁半球形至平展，硫黄色，干后近白色，具纤毛状鳞片，边缘内卷。菌肉白色，厚。菌褶近似菌盖色，稍密，弯生，不等长。菌柄柱形，白色或带黄色，内实，菌环以下具黄色鳞片，基部往往膨大。菌环生于柄的上部，黄色。夏秋季生于草原或高山草地上，可食用，是一种名贵食用菌，也是一种重要的高原生物资源。

甘肃生物多样性保护成效

一、甘肃在生态保护修复方面取得的成效

"十三五"以来，甘肃省深入学习贯彻习近平生态文明思想，坚持"绿水青山就是金山银山"理念，统筹山水林田湖草沙综合治理、系统治理，全省国土绿化事业取得了显著成效，呈现出森林资源连续增长、沙化荒漠化面积连续减少、重点流域生态环境明显改善，城乡绿色空间不断扩大等特点。

南梁镇子午岭林区

甘肃省高度重视生态文明示范创建工作：一方面，以生态文明建设示范市县为载体，统筹推进"五位一体"总体布局，把习近平生态文明思想的深刻内涵落实并转化为具有特色的实践探索任务，为践行习近平生态文明思想提供了强有力的抓手。另一方面，以"绿水青山就是金山银山"实践创新基地为平台，深入践行"绿水青山就是金山银山"理念，围绕"两山"转化路径机制、生态为民富民惠民、丰富"两山"思想内涵进行不断探索。

全省共有44个地区开展生态文明示范创建及"两山"基地建设工作，其中6个市县获得国家生态文明建设示范市（县）命名、3个地区荣获"两山"实践创新基地称号。其中平凉市入选第一批国家生态文明建设示范市；两当县入选第二批国家生态文明建设示范县；张掖市入选第三批国家生态文明建设示范市；崇信县和迭部县入选第四批国家生态文明建设示范县；甘南藏族自治州、合作市分别荣获第五批国家生态文明建设示范市；古浪县八步沙林场、庆阳市华池县南梁镇和张掖市临泽县先后入选全国第三批、第四批和第五批"绿水青山就是金山银山"实践创新基地。加快推进生态文明建设的平台和载体不断丰富。

敦煌雅丹地质遗迹省级自然保护区

甘肃省在切实筑牢国家西部生态安全屏障方面做了大量工作，统筹实施祁连山生态保护和修复、甘南黄河重要水源补给生态保护和修复、河西走廊生态保护和修复、黄土高原水土流失综合治理、秦岭生态保护和修复五项重大生态工程。

二、甘肃在自然保护地建设方面取得的成效

为了保护国家保护物种和珍稀濒危物种，保护自然植被和生态系统类型免遭破坏，甘肃省已经建立了比较全面的以国家公园为主体、各类自然保护区为补充的自然保护地管理体系。甘肃省现有2个国家公园（大熊猫国家公园白水江片区和祁连山国家公园（试点）甘肃片区）和21个国家级自然保护区（见表1），以及35个省级自然保护区、151个自然公园、24个风景名胜区。国家公园和自然保护地的建立有效地保护了森林、草原、湿地等生态系统，对甘肃省生物多样性的保护和自然环境的保护具有重要意义，同时在地域性水土保持、防风固沙、水源涵养、调节气候和维持生态平衡等方面发挥着重要作用。

表1 甘肃省分布的国家公园/国家级自然保护区名录

国家公园/ 国家级自然保护区名称	行政区域	主要保护对象	类型
大熊猫国家公园	文县、武都区	以大熊猫为核心的生物多样性	
祁连山国家公园（试点）	肃北蒙古族自治县、阿克塞哈萨克族自治县、肃南裕固族自治县、民乐县、永昌县、天祝藏族自治县、凉州区、中农发山丹马场、国营鱼儿红牧场、国营宝瓶河牧场	祁连山生物多样性和自然生态系统	
甘肃连城国家级自然保护区	永登县	天然青杆、祁连圆柏及其森林生态系统	森林生态
甘肃兴隆山国家级自然保护区	榆中县	森林生态系统	森林生态

续表

国家公园/ 国家级自然保护区名称	行政区域	主要保护对象	类型
甘肃民勤连古城国家级自然保护区	民勤县	荒漠生态系统	荒漠生态
甘肃张掖黑河湿地国家级自然保护区	高台县、甘州区、临泽县	湿地及珍稀鸟类	内陆湿地
甘肃太统一崆峒山国家级自然保护区	平凉市崆峒区	温带落叶阔叶林生态系统及野生动植物	森林生态
甘肃祁连山国家级自然保护区	天祝藏族自治县、肃南裕固族自治县、古浪县、凉州区、永昌县、山丹县、民乐县、甘州区、永登县、中农发山丹马场	森林及野生动物	森林生态
甘肃安西极旱荒漠国家级自然保护区	瓜州县	荒漠生态系统及珍稀动植物	荒漠生态
甘肃盐池湾国家级自然保护区	肃北蒙古族自治县	白唇鹿、野牦牛等动物及其生境	野生动物
甘肃安南坝野骆驼国家级自然保护区	阿克塞哈萨克族自治县	野骆驼、野驴等动物及荒漠草原	野生动物
甘肃敦煌西湖国家级自然保护区	敦煌市	野生动物及荒漠湿地	野生动物
甘肃敦煌阳关国家级自然保护区	敦煌市	湿地生态系统及候鸟	内陆湿地
甘肃白水江国家级自然保护区	文县、武都区	大熊猫、金丝猴等野生动物	野生动物
甘肃太子山国家级自然保护区	和政县、康乐县、临夏市	水源涵养林及野生动植物	森林生态
甘肃洮河国家级自然保护区	卓尼	森林生态系统	森林生态

国家公园/ 国家级自然保护区名称	行政区域	主要保护对象	类型
甘肃小陇山国家级自然保护区	秦州区、北道区、甘谷县、秦安县、武山县、清水县、张家川回族自治县、徽县、成县、两当县、西和县、礼县、漳县	扭角羚、红腹锦鸡等野生珍稀动植物	野生动物
甘肃莲花山国家级自然保护区	康乐县、临潭县、卓尼县、临洮县、渭源县	森林生态系统	森林生态
甘肃多儿国家级自然保护区	迭部县	大熊猫及其生境	野生动物
甘肃尕海则岔国家级自然保护区	碌曲县	湿地生态系统和高山森林草甸草原生态系统	野生动植物
甘肃黄河首曲国家级自然保护区	玛曲县	高原湿地生态系统和黑颈鹤等候鸟及其栖息环境	高原沼泽湿地类型
甘肃漳县珍稀水生动物国家级自然保护区	漳县	秦岭细鳞鲑及其生境	野生动物
甘肃秦州珍稀水生野生动物国家级自然保护区	秦州区	大鲵、秦岭细鳞鲑等珍稀冷水性鱼类及栖息环境	野生动物

三、甘肃在物种多样性保护方面取得的成效

全省重点保护野生动物的种群和数量不断增加，一些珍稀濒危野生动物种群数量有较大发展。野骆驼自然种群的繁殖速度走向正常，雪豹、藏野驴、盘羊、岩羊、藏原羚等珍贵动物的种群数量稳中有增；在敦煌西湖保护区放归的普氏野马和野骆驼已逐步适应野外环境，形成自然状态下的野外种群；尕海—则岔保护区内的黑鹳、大熊猫国家公园白水江片区内的大熊猫、洮河保护区内的梅花鹿、裕河保护区内的金丝猴等国家Ⅰ级重点保护野生动物的数量都有明显的增加；在过去没有大熊猫分

黄眉鹀（*Emberiza chrysophrys*）

布的腊子口和博峪河还发现了大熊猫的实体和活动痕迹；在连城国家级自然保护区也首次记录到野生梅花鹿的活动影像；在尕海—则岔保护区内拍摄到鸳鸯的照片；在碌曲县还发现黄眉鹀；在兰大榆中校区发现槲鸫；在玉门发现棕斑鸠；在平凉崆峒山发现黑冠鹃隼等甘肃省鸟类省级分布新记录。

四、甘肃在生态环境和生物多样性监测建设方面取得的成效

甘肃已建成涵盖森林、灌丛、草地、湿地、冰川和农田等所有陆地生态系统的观测网络，至2021年10月，建成5个国家级和18个省级野外科学观测研究站与2个国家级荒漠生态系统定位观测站。围绕大熊猫国家公园和祁连山国家公园为主体的自然保护地建设、围绕三大高原及过渡带脆弱生态系统，搭建"水—土—气—生"综合生态环境监测体系，构建"一猫两豹一驼（大熊猫、雪豹、金钱豹、野骆驼）"为核心的物种多样性保护体系；聚焦多样性时空格局变化，探究气候变化对物种多样性、物候、种群遗传结构、谱系地理格局、分布预测等的影响；大力推进生物多样性观测网络建设，为全国生物多样性观测网络和自然保护地开展生态系统功能及生物多样性保护提供了科技支撑。

"十四五"是我国"两个一百年"奋斗目标的历史交汇期，也是甘肃与全国一同开启全面

槲鸫（*Turdus viscivorus*）

建设社会主义现代化强国新征程的第一个五年。甘肃将深入贯彻落实习近平总书记对甘肃重要讲话和指示精神，深刻理解习近平生态文明思想的丰富内涵，不断推进生态环保工作。

　　未来，甘肃省将按照中共中央办公厅和国务院小公厅印发的《关于进一步加强生物多样性保护的意见》中确定的我国生物多样性保护的总体目标，积极谋划甘肃生物多样性保护目标，制定规划计划，提升生物多样性协同治理能力；加强与黄河流域、秦巴山地相关省区市的区域协同合作；坚持走生态优先、绿色发展之路，贯彻执行习近平生态文明思想，坚持"绿水青山就是金山银山"的理念，统筹山水林田湖草沙系统治理，不断推进甘肃省生态环境和生物多样性保护和建设迈上新台阶，为共建地球生命共同体做贡献。

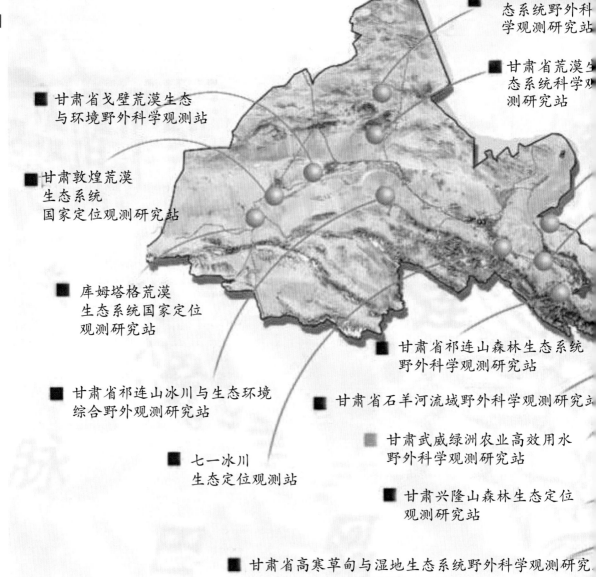

甘肃省荒漠生态系统野外科学观测研究站

甘肃省荒漠生态系统科学观测研究站

甘肃省戈壁荒漠生态与环境野外科学观测站

甘肃敦煌荒漠生态系统国家定位观测研究站

库姆塔格荒漠生态系统国家定位观测研究站

甘肃省祁连山森林生态系统野外科学观测研究站

甘肃省祁连山冰川与生态环境综合野外观测研究站

甘肃省石羊河流域野外科学观测研究站

甘肃武威绿洲农业高效用水野外科学观测研究站

七一冰川生态定位观测站

甘肃兴隆山森林生态定位观测研究站

甘肃省高寒草甸与湿地生态系统野外科学观测研究

若尔盖高原湿地生态系统研究站

甘南草原生态系统野外科学观测研究站

甘肃省白龙江森林生态系统国家定位观测研究站

■ 甘肃临泽农田生态系统国家野外科学观测研究站

■ 祁连山寺大隆生态监测科学观测研究站

■ 甘肃省半干旱山地
森林生态系统科学野外观测研究站

■ 甘肃民勤荒漠草地生态系统
国家野外观测研究站

■ 景泰草地农业科学观测站

■ 甘肃省山地生态系统野外科学观测研究站

■ 甘肃省子午岭
生态系统
野外科学观测研究站

■ 甘肃庆阳草地农业
生态系统野外科学
观测研究站

■ 甘肃省旱地
农业生态野外科学观测研究站

■ 甘肃小陇山森林生态系统
国家定位观测研究站

甘肃省野外台站位置示意图